青鸟新知

青鸟
新知

# 归来的虎啸

## 东 北 虎 调 查 纪 实

江苏凤凰科学技术出版社·南京

马逸清 孙海义 刘 丹 — 编著

**图书在版编目（CIP）数据**

归来的虎啸：东北虎调查纪实 / 马逸清, 孙海义,
刘丹编著. — 南京：江苏凤凰科学技术出版社, 2023.9
　ISBN 978-7-5713-3435-2

　Ⅰ. ①归… Ⅱ. ①马… ②孙… ③刘… Ⅲ. ①东北虎
–调查研究–中国 Ⅳ. ①Q959.838

中国国家版本馆CIP数据核字（2023）第017327号

## 归来的虎啸　东北虎调查纪实

| | |
|---|---|
| 编　　　著 | 马逸清　孙海义　刘　丹 |
| 策　　　划 | 傅　梅 |
| 责 任 编 辑 | 杨　帆　张　晶 |
| 责 任 校 对 | 仲　敏 |
| 责 任 监 制 | 刘　钧 |

| | |
|---|---|
| 出 版 发 行 | 江苏凤凰科学技术出版社 |
| 出版社地址 | 南京市湖南路1号A楼，邮编：210009 |
| 编 读 信 箱 | skkjzx@163.com |
| 照　　　排 | 江苏凤凰制版有限公司 |
| 印　　　刷 | 南京新洲印刷有限公司 |

| | |
|---|---|
| 开　　　本 | 718 mm×1 000 mm　1/16 |
| 印　　　张 | 17.5 |
| 插　　　页 | 4 |
| 字　　　数 | 300 000 |
| 版　　　次 | 2023年9月第1版 |
| 印　　　次 | 2023年9月第1次印刷 |

| | |
|---|---|
| 标 准 书 号 | ISBN 978-7-5713-3435-2 |
| 定　　　价 | 78.00元 |

图书如有印装质量问题，可随时向我社印务部调换。

# 给科普工作插上翅膀

　　科学普及工作越来越受到政府和全社会的重视，这一点是不容置疑的。《中华人民共和国科学技术普及法》的颁布和实施，使得科普工作有法可依，《全民科学素质行动计划纲要》的颁布，使得科普工作的目标和实施步骤更加明确了。随着时代的进步，我国科普工作的内涵得到了进一步拓展，同时对科普工作也有了更高的要求，我国的科普工作已经进入一个新的发展时期。

　　科普工作很重要的方面是要提高全民的科学素养，这就要求科普工作在向广大群众普及科学和技术知识的同时，大力弘扬科学精神、传播科学思想、倡导科学方法。在科学技术不断进步的今天，公众的科学素养已经是世界上许多国家都非常重视的问题。对个人来说，它关系到每个人在现代社会中的生存和发展；对国家而言，提高公民科学素养对于提高国家自主创新能力、建设创新型国家、实现经济社会全面协调可持续发展、构建社会主义和谐社会，都具有十分重要的意义。

　　科普工作不是某些个人和团体的自发和业余行为，而是国家政府的事业和全社会的工程，不仅需要政府积极引导、社会广泛参与、市场有效推动，同时还需要建立一支专业化的科学普及队伍。

　　科学普及和科学研究两者是互补的，缺一不可。科学研究是在科学技术的前沿不断探索突破，科学普及是让全社会尽快地理解和运用科学研究的成果。没有科学研究，就没有科学普及；没有广泛的科学普及，科学研究将失去其根本意义，科学研究也不可能得到社会的广泛支持和认同。科学家的主要工作当然是进行科学研究，但是科学家也有义务进行科普工作，促进公众对科学的理解，要充分认识到与公众交流的重要性。科学家不仅要愿意并且要善于和媒体及公众进行沟通和交流，主动积极地把自己的科学见解、科学发明、科学上存在的问题告诉公众。同时，公众有权利了解科学的真相，并以各种形式参与到科普行动之中，分享科学研究的成果，掌握科学的方法，理解科学给人类带来的各种影响。

科普工作需要科学界和传媒界增强交流合作。大众传媒，如广播、电视、新闻报刊、出版、网络媒体等，是今天面向社会公众的主要科普渠道。在以网络为代表的现代传媒飞速发展的今天，传统的科普图书仍然有其无可替代的独特功能。阅读一本好的科普图书所带来的启迪和乐趣，有时让人终生难忘。同时，科普图书在表达作者观点和思想方面，也有着无法替代的作用。我们要重视科普图书的创作，更要重视科普图书的推广。好的科普作品通常都具备以下特点：首先是实事求是，科学公正地反映科学上的发明发现；其次是要有很强的思想性，能够大力宣扬实事求是的科学精神，弘扬不畏艰险、勇于创新、积极向上的科学态度；最后是能够引人入胜，生动有趣。国内外许多大科学家都积极从事科普图书的创作，比如我们所熟知的霍金、卡尔·萨根、高士其、华罗庚等。他们的科普工作，同样得到社会的广泛承认和尊重。

科普工作是一项创造性劳动，不仅需要坚实的科学功底和写作技巧，还需要投入极大的热情以及大量的时间。如果我们的科学家都能认识到他们肩负着向公众普及科学的重任，在自己力所能及的条件下，努力写出一些优秀生动的科普作品，我国的科普事业必定能更上一层楼。

江苏凤凰科学技术出版社长期以来一直重视科普图书的出版工作，他们一方面引进优秀的科普图书，另一方面也注重出版原创的科普图书，鼓励国内的科学家积极投身科普创作。本丛书精选了一批国内科学家原创的优秀作品，都很精彩。这套书突出生态意识，关注生命本质，彰显时代特色。衷心希望能有更多的优秀作者创作更多的优秀作品加入，使这套丛书更加丰富多彩。

但愿科普工作能插上翅膀，为全社会多传递一些科普的信息。

周光召

# Preface

## 序

　　东北虎（*Panthera tigris altaica*）是目前地球上生存于最北部的虎亚种，在所有的虎亚种中，其体型最大，毛也最长，前额上的黑斑形似一个"王"字，体态优美，威武雄健，在森林生态系统中处于食物链的顶端，被称为"兽中之王"。

　　虎起源于我国黄河中游地区，是亚洲的特有物种。虎不仅是生物多样性保护的旗舰种，也是濒危野生动物保护的关键物种。东北虎是大型捕食性兽类，人类在保护东北虎的同时，也保护了大面积的森林，保护了东北虎栖息地的生物多样性，维持了自然生态系统的平衡和稳定，从而也保护了人类的生存环境。

　　目前，东北虎仅分布于我国东北的东部山地和俄罗斯远东林区，种群数量大约500只，其中95%以上分布于俄罗斯境内。在我国，近一个多世纪以来，由于早期的大规模猎捕导致野生东北虎种群数量下降，随着森林的过度采伐与人口的增长对东北虎栖息地的侵占，导致其适宜栖息地不断恶化与丧失，迫使分布区逐步退缩，数量大幅度减少。据野外调查统计，1976年我国野生东北虎种群数量为151只，到1999年下降为12~16只。近年来野外监测数据表明，野生东北虎的数量大约为20只，仍然处于濒临绝迹的边缘，保护并恢复东北虎种群及其栖息地已十分迫切。东北虎被列为国家一级重点保护的珍稀濒危物种，我国为加强野外种群保护和栖息地恢复已经制订并且开始实施保护行动计划。

　　本书的作者是多年从事东北虎野外调查和监测的科研人员，用纪实的笔法生动展现了野外调查时的许多亲身经历，深入浅出地介绍了东北虎生物学知识、东北虎生存现状与保护理念、人与虎之间的关系、自然环境及风土人情等。将该书作为宣传自然保护的科普读物推荐给广大读者，以便能够激发人们的保护意识，更加热爱大自然，关注东北虎保护，增进人与自然之间的和谐关系。希望更多的人参与东北虎保护行动，为东北虎的生存创造越来越好的栖息环境。

马建章

中国工程院院士、东北林业大学教授

# Foreword

## 前言

1920年，古生物学家在河南省渑池县兰沟，发现了地质年代最古老的虎化石，属于晚上新世或早更新世，距今约200万年。科学家认为此化石"很可能即是虎的祖先"，并将其定名为古中华虎【*Panthera tigris palaeosinensis* (Zdansky,1924)】。此后，在陕西蓝田和甘肃东乡又发现两件类似的虎化石。根据古中华虎化石出土的地点，可以确定虎的起源地是我国黄河中游地区。

虎起源于中国，并且分布甚广，除雪山冻原和沙漠裸丘外，凡是山林薮地，处处皆有之。我国曾分布的虎亚种有华北虎、华南虎、新疆虎、东北虎、印度支那虎和孟加拉虎，曾是世界上虎最多的国家。

根据对吉林榆树周家油坊和哈尔滨顾乡屯出土的虎化石的研究，虎在更新世中晚期即来到了东北平原的松花江流域，在占领了长白山和大、小兴安岭之后，其活动范围还继续向四周扩散，向东及海，向北到外兴安岭，向西抵达贝加尔湖沿岸。由于长期在寒冷的山林雪地生活，虎的毛色变淡，毛长绒厚，体型变大，更加威武雄健，东北虎则演化成为世界上个体最硕大的猛虎。

我国东北地区曾经是荒凉之地，200多年前仍是地广人稀，白山黑水之间，群山绵延，森林茂密，人称"大窝集"，因而野兽众多。东北虎是处于森林生态系统顶端的捕食者，乃为"百兽之王"，家族鼎盛。东北各民族"其俗重山川""祠虎以为神"，崇虎信虎，不敢斥言之，他们把虎奉为"山神"。山林中的居民称虎为"山神爷"，设庙祀虎的习俗由来已久。

近一个多世纪以来，东北地区人口密度不断增加，森林砍伐，大规模经济开发，使东北虎适宜的栖息地大部分消失。加之食物资源匮乏，人类活动影响加剧，迫使东北虎分布区逐渐退缩，种群数量大幅度下降，昔日雄健威武、"诸山皆有之"的"山神爷"已经远去，绝大部分山区不见其踪影。20世纪70年代调查，中国野生东北虎数量仍有大约150只，而80年代则减少为不足30只。1998~2000年在吉林和黑龙江省由中、美、俄三国东北虎专家开展的国际合作调查，显示东北虎的数量仅有12~16只。最近多年连续野外监测结果表明，黑龙江省东北虎的数量为10~14只，吉林省为8~10只，处于极其濒危的状态。

虎是具有重要价值和广泛影响的物种，是生物多样性保护的旗舰种。它的重要价值体现在生态、观赏和文化等多方面。由于虎是大型捕食性兽类，对于维持生态系统的稳定与平衡起着不可替代的作用。古往今来，人类与虎相伴生存，复杂情感的融合交汇，形成了源远流长的虎文化。然而，时至今日，中国野生虎极度濒危，实施保护措施以扩大其种群已迫在眉睫。野生虎保护已经受到极大关注，在《濒危野生动植物种国际贸易公约》（CITES）中被列为附录一，在国家重点保护野生动物名录中被列为一级重点保护物种。无论是官方，还是非政府保护组织，都在积极推进野生虎保护的进程，在开展野外调查监测研究的基础上实施保护行动计划，达到保护栖息地恢复种群的目的。

在我国东北曾经进行了多次大规模的东北虎野外调查与监测，虽然困难重重，但是研究人员以科学的态度，乐观的精神，在茫茫林海雪原中寻找东北虎的踪迹，探索东北虎与生存环境之间的奥秘，取得了可贵的第一手资料。我是对东北虎数量进行第一次调查的主要成员，那时交通不便，条件艰苦，通过大家的努力，最终取得了可喜的成果。黑龙江省野生动物研究所孙海义研究员，参加了第二次调查、国际合作调查，并组织开展了东北虎的野外监测，本书中大量的篇幅展现了他多年来艰辛的野外调查历程，用生动、朴实的语言描述了人与自然和东北虎与环境之间的关系。东北虎林园的刘丹总工程师,多年从事东北虎人工驯养、繁殖和野化试验工作,并且拍摄了大量展现东北虎各种行为的珍贵照片。

本书的内容包括"山神爷"的由来、第一次调查、第二次调查、踏查在邻国之间、国际合作调查、东北虎的监测、守望东北虎七个章节。在编写过程中以东北虎野外调查和监测科学研究为主线,突出东北虎保护这个主题,用科学的语言和具体的事例描述人与自然的关系。本书以纪实性的笔法展现了作者的亲身经历,表达了真实的感受。在阐述东北虎科学研究成果的同时,深入浅出地介绍了一些生物科学知识,尽可能做到图文并茂,具有科学性、知识性和趣味性。希望广大读者能够借此更多地了解东北虎,了解那些为保护东北虎付出辛勤汗水的人们,从而增进对大自然的热爱,喜爱东北虎,提高保护意识,促进人与自然的和谐发展。

我们对曾经冒着三九严寒,趟着没膝积雪,跋涉在崇山峻岭之间,为保护东北虎忘我工作、付出辛勤汗水的人们表示深切的怀念和谢意。感谢马建章院士在百忙之中为本书作序。感谢江苏凤凰科学技术出版社的鼓励和支持。

马逸清

中国兽类学会原副理事长、教授

# 撰写说明

按照本书稿作为普及读物，反映东北虎保护科学研究纪实性并且具有知识性和趣味性的编写要求，因此，在编写过程中遵循以下原则：

1. 在章节上按时间发生顺序编排，保证前后连接顺畅，思路更清晰。

2. 文中的内容都是作者的亲身经历、真实感受，尽量以一个个小故事的形式展现出来。在写作第二次调查、国际合作调查、东北虎的监测等内容时，作者孙海义作为直接组织和参与者，在写作时尽量以第一人称"我"来表达，具有真实的人物、具体的时间地点和直观的事件描述。通俗的语言，有感染力的情节，既叙述了野外科研工作的艰辛，也体现了投身大自然中的乐趣，使读者能够陶冶情操，增进对自然界的感受，更加热爱东北虎，提高保护意识。

3. 紧紧抓住东北虎保护这个主题，以东北虎野外调查监测为主线，用科学的语言和真实的事例描述人与自然的关系，譬如导致东北虎濒危的主要因素，东北虎等野生动物的生物学知识，保护与恢复野生东北虎种群有一群人正在不懈地努力，保护东北虎采取的主要措施及前景展望等。

4. 作为一本科普读物，在介绍东北虎科学研究的同时，尽可能穿插一些野生动植物的生物学知识，环境变化对生物物种所产生的影响，人文历史与自然景观，人与野生动物的关系等，使知识性与趣味性相结合，不至于枯燥乏味。

5. 目前野生东北虎主要分布于与我国相邻的俄罗斯境内，俄罗斯东北虎保护的成功经验值得我们在东北虎种群恢复中借鉴。文稿中不仅叙述了东北虎国际合作调查，也介绍了作者与俄罗斯专家在中国和俄罗斯境内野外调查的所见所闻。

6. 为了使该书稿能够图文并茂，插入了以往调查中的一些照片和自然景观照片，除署名和注明出处的以外，均为本书作者拍摄提供。

马逸清　孙海义　刘丹

# CONTENTS

## 目录

# 第一章
# "山神爷"的由来

东北大地，山峦起伏，江河纵横，白山黑水之间，有许多神秘莫测之处。东北各族人民崇虎信虎，把虎奉为"山神"的习俗由来已久。《后汉书·东夷列传》记述东北各族人民"其俗重山川""祠虎以为神"。东北地区较早的地方志《鸡林旧闻录》记载："虎，喜居荒山丛薄中，便跳荡也。吉人多讳言之，樵采者则直称之日'山神'。"哈尔滨地区最早的一部地方志《呼兰府志》也有类似记载："虎，土人不敢斥言之，称日'山神爷'……"

# 一·虎是一种什么动物

### 1. 长相

在日常生活中人们都知道虎(*Panthera tigris*)是大型猛兽,但到底有多大? 许多人就说不清了。成年的东北虎(*Panthera tigris altaica*),雄虎体长160~300厘米,尾长约100厘米; 体重150千克以上,最重可达320千克,雌虎个体略小。然而新生的虎崽却并不大,根据哈尔滨动物园记录,新生虎崽体重1.2~1.8千克,体长32~40厘米。

> 东北虎全身侧面图

> 东北虎头部正面图

　　东北虎的长相非常威武雄健。头大而圆，颈部较短；两耳短圆，耳背黑色，中间各有一圆形白斑，远视如二目，有威慑力；眼大而圆，虹膜黄色；鼻梁挺直，吻端裸露，肉红色；吻唇两侧各有3排长而坚挺的触须，白色。虎的头部条纹较多，特别是前额上的数条黑色横纹，中间略相串通，形似"王"字。两眼上方各有一块白斑，故有时被称为吊睛猛虎。

　　东北虎的被毛，夏季呈棕黄色，冬季略淡，呈黄色或浅黄色，背部和体侧横列许多黑色条纹；下颏、腹部及四肢内侧呈白色；尾基部呈棕黄色，尾上约有10个黑色环纹，尾尖为黑色。

　　虎的四肢匀称，前腿粗壮有力；脚掌宽阔，拇指退化，仅四趾着地，掌垫为心形；爪强有力，能伸缩，足迹上一般不见爪印。

虎的长相特征明显：个体大，性凶猛，满身条纹。凡是具有这种特征的，在动物界都会称之为"似虎"。

### 2. 名称

虎的名称，因其叫声而得名。虎的吼叫音量很大，声长而高亢，称为虎啸，古人因而名之。"虎，象其声也。""声吼如雷，风从而生，百兽震恐。"（《本草纲目·兽部》）由于人们对虎的认识不断加深，加上地理区域间的差异以及人们对虎拟人化、神化，历史上曾出现不少虎的别名，这在古籍中多有记载。例如，《尔雅·释兽》：虎窃（qiè）毛谓之虦（zhàn）猫；甝（hán），白虎；虪（shù），黑虎。西汉扬雄所著《方言》卷八："虎，陈、魏、宋、楚之间或谓之李父，江淮南楚之间谓之李耳。或谓之於䖘（wū tú），今江南山夷呼虎为䖘，自关东西或谓之伯都也"。

1987年6月，考古工作者在河南濮阳西水坡仰韶文化遗址M45号墓中发现的虎形蚌塑，距今已6 000多年，被称为"天下第一虎"。这表明，国人崇敬虎的习俗历史很悠久，认为虎是祥瑞之兽，甚至奉为图腾。

18世纪中叶，瑞典生物学家林奈创立了双名命名法，要求给一种无名的生物命名时，必须有该生物的模式标本（type specimen）含产地、采集日期、采集人等资料，每一种生物的名称都包括属名、种名两部分，后面通常加上命名人和公开发表的日期，才是一个生物科学名称的全名。虎的拉丁文学名就是林奈依据采自孟加拉国的标本命名的，发表在其著作《自然系统》第10版上，全名是：*Felis tigris*（Linnaeus,1758）（属名1929年改为 *Panthera*）。

### 3. 地位

虎在自然界的地位，我国历史上早有定论。汉代文字学家许慎所著的《说文解字》说："虎，山兽之君也。"也就是说，在山林生态系统中它是百兽的君王。虎是大型捕食性兽类，生态学研究表明，在山林生态系统的物质和能量循环中，虎是处于食物链各种相互关系的顶层，因此在保护生物学上，虎是关键性的旗舰种（flagship species）。因此，保护好虎，对保护整个山林生态系统意义极为重大。

虎在动物界分类系统中的位置是：

英文tiger(虎)，即源于拉丁文*tigris*。其他拉丁语系的虎字，亦皆源于此。

## 4. 分布

中国是虎的发源地，根据历史文献记载，中国曾是世界上虎最多的国家，分布也最广，南起广西、云南，北至新疆、黑龙江，西自昆仑山脉，东至东南沿海，除雪山冻原和沙漠裸丘外，凡是山林薮地，处处皆有之。

我国境内虎的分布，一般认为可分为6个区域，由于各地区的地理环境条件不同，虎在长期的进化适应过程中，各自形成一定的生态形态特征，因而这些地理种群，也称之为亚种（subspecies）。这6个地理种群中，2个为我国特有，4个扩大延伸至国外。包括：

**华北虎**　为最古老的地理种群，我国特有亚种。分布区西起河西走廊，东至燕山山脉，南至淮河流域，北达陕西榆林。约20世纪中叶绝迹。

**华南虎**　也是我国特有亚种。分布区北起秦岭，南至两广北部（武陵山脉），西自四川东部，向东至东海沿岸。经多年野外调查，均未发现实体证据，已极度濒危。

**东北虎**　分布区南自朝鲜半岛，北至外兴安岭，向西达贝加尔湖，向东抵库页岛。但到21世纪初，东北虎的分布区大为缩小，仅见于我国东北东部山区和俄罗斯远东锡霍特山脉一隅。

**新疆虎**　亦称里海虎、波斯虎，中国境内的里海虎一般被称为新疆虎。

分布区为罗布泊、天山南北，向北到阿尔泰山脉。国外的分布区由俄罗斯阿尔泰山和鄂毕河下游向西经巴尔克什湖、咸海至里海沿岸和外高加索，向南到伊朗和阿富汗北部。20世纪初，随着罗布泊的干涸，新疆虎亦绝迹，国外的可能绝迹于20世纪70年代。

**孟加拉虎**　国内的见于云南西部和西藏东南部，国外的分布区由孟加拉国和缅甸西部向西经尼泊尔、不丹至印度次大陆。

**印度支那虎**　国内的见于广西西南缘和云南西双版纳，国外的分布区由缅甸东部和越南北部向南经泰国、柬埔寨至马来半岛。2004年，主要分布于马来半岛南部的马来西亚与泰国境内的印度支那虎，被分出来确认为一个新的虎亚种——马来虎。

　　此外，有3个岛屿型的虎亚种，仅见于印度尼西亚的苏门答腊岛、巴厘岛和爪哇岛，后2种已于20世纪相继灭绝。

# 二·来自远古的精灵

关于虎的起源地曾有不少推测和说法，众说纷纭未能一致。动物地理学家根据当时虎地理种群的数量在东南亚分布较多，把虎的区系成分定为东洋界成分，嗣后，众皆沿用。

1920年，古生物学家在河南渑池县兰沟第三十八发掘地点发现一件保存较完好的虎化石，标本包括头骨、下牙床和一个寰椎（即第一颈椎），同属一个个体。后经仔细测量和对比研究，发现这是一件目前地质年代最古老的虎化石，地层为晚上新世或早更新世，距今约200万年，其个体比现今的虎要小，而稍大于豹。经中外专家反复论证，认为此生物"很可能即是虎的祖先"，于是将原定名"古中华猫"改为古中华虎*Panthera tigris palaeosinensis*（Zdansky,1924）（邱占祥译，1998年）。此后，在陕西蓝田和甘肃东乡又发现两件类似的虎化石。这样，根据古中华虎化石出土的地点，便可以确定虎的起源地是我国黄河中游地区（马逸清等，2010年）。

虎在黄河流域起源以后，随着种群数量的不断发展，逐渐向四方扩散。向东受阻于海，向北形成东北虎，向西经新疆阿尔泰山麓扩散至里海沿岸，向南形成华南虎，然后向西南即形成孟加拉虎，向东南即形成印度支那虎，最后到达印度尼西亚。

动物化石

动物化石（fossil）是动物体特别是在地下不易腐烂的骨骼和牙齿部分，经长期地质埋藏石化而成的标本。古生物学家便是根据化石研究古地质时期动物的形态、分类、起源、演化、生活环境、地理分布等问题。

10199 正

10199正

⑴乙巳卜，出．貞今二月雨。　　二

⑵壬午卜，争．貞隻虎。　　二

> 甲骨文拓片及卜辞（依郭沫若等，《甲骨文合集》1979—1983年）

> 殷周金文虎字（依中国社科院考古所，《殷周金文集成》2007年修订增补本）

　　根据对吉林榆树周家油坊和哈尔滨顾乡屯出土的虎化石的研究表明，虎在更新世中晚期即来到了东北平原的松花江流域，在占领了长白山和大、小兴安岭之后，还继续向四周扩散，向东及海，向北到外兴安岭，向西抵达贝加尔湖沿岸。由于长期在寒冷的山林雪地生活，其毛色变淡，毛长绒厚，体型变大，更加威武雄壮，成为世界上个体最硕大的猛兽之一。《吉尼斯大全》记录的一只雄性东北虎，体重达410千克。

　　在陕西蓝田公王岭出土的虎化石，被发现时其上颌与蓝田人头盖骨是紧密连在一起的，而在北京房山山顶洞人遗址也出土了大量的虎化石，这说明在远古时期虎和人类相伴生活，人类过着茹毛饮血的渔猎生活，当然也常猎虎。有了文字后，也就有了对虎的记载，参见甲骨文和金文拓片。

# 三·"山神爷"——悠久的历史记载

中国的历史,始于三皇五帝。所谓"三皇",一般认为即伏羲、女娲和神农。伏羲即太皞,又作庖羲、虙戏。《史记·补三皇本纪》载:"太皞庖牺氏,风姓,代燧人氏继天而王。……仰则观象于天,俯则观法于地;旁观鸟兽之文,与地之宜,近取诸身,远取诸物,始画八卦,以通神明之德,以类万物之情。造书契以代结绳之政,于是始制嫁娶,以俪皮为礼,结网罟以教佃渔,故曰宓牺氏。养牺牲以庖厨,故曰庖牺。"

《汉书·古今人表》"帝伏羲氏"注:"宓音伏,字本作虙,其音同耳。"《尸子》:"宓羲之世,天下多兽,故教民以猎也。"虎是百兽之王,一般认为,伏羲即信虎崇虎,虎图腾的习俗即始自伏羲。

> 虎文化与虎图腾

东北大地,山峦起伏,江河纵横,白山黑水之间,有许多神秘莫测之处。东北各族人民崇虎信虎,把虎奉为"山神"的习俗由来已久。《后汉书·东夷列传》说东北各族人民"其俗重山川""祠虎以为神"。东北地区较早的地方志《鸡林旧闻录》记载:"虎,喜居荒山丛薄中,便跳荡也。吉人多讳言之,樵采者则直称之曰'山神'。"哈尔滨地区最早的一部地方志《呼兰府志》也有类似记载:"虎,土人不敢斥言之,称曰'山神爷',又称软蹄子,其小者曰石虎,状如猫,大或如犊。黄质黑纹,锯牙钩爪,短项健须,多智……今青黑二山中常见之。"

清朝时,东北地区森林茂密,号称"大窝集"。"窝集"者,满语森林之谓。其间人烟稀少,野兽众多。当地山民对虎多不敢直呼,而尊称为"山神爷",并常在山中设小庙祠之。这种情况各地的地方志多有记载,如《海城县志》载:"本县东部多山,供奉山神,以镇猛兽。或曰山中居民称呼为'山神爷',而立庙祠之。"供奉"山神爷"的小庙,多就地取材,以石垒成,较简陋,也有用木板建成的。《长白汇征录》记载:"尤好祀山神,遇有盟会,必先祀山谷之神,而后歃血,此俗至今犹存。每出游,到深山绝涧,类皆加木板为小庙,庙前竖木为杆,悬彩布,置香炉,供山神位。"有的地方祭祀山神爷很隆重,且年年举行。《吉林乡土志》记载:"永吉县田岗村居民,因附近天岗山(名老虎砬子),多崇信'山神'老虎,每年正月十六日为山神诞生日。是日,居民有杀猪者,有赴市购备酒肉者,各于正午往山中焚香上供。家家休息一日,并备盛宴,欢呼畅饮,名曰'过山神节'。"

时至今日,由于人口增加、森林砍伐和大规模的经济开发,东北虎适宜的栖息地大部分已经消失,当年雄健威武、"诸山皆有之"的"山神爷"逐渐远去,绝大部分的山区已无其踪影。据近年来的监测,仅有20多只"留守者",还见于东部边境一隅。这引起了世人的极大关注,国际动物保护组织的专家们将东北虎评为极危动物,我国政府也制订了动物保护行动计划,非政府组织培训志愿者,大家齐上阵,并呼吁全球共同行动起来,为挽救和保护虎这一物种而努力!

# 第一次调查

  调查结果，黑龙江省东北虎的数量为 81 只，相邻的吉林省东北虎数量为 70 只，1974—1976 年间我国野生东北虎总计数量为 151 只。这是我国第一次采用跟踪雪地足迹，划分家域和根据足迹掌垫宽度区分个体的方式，调查统计东北虎数量和分布的结果。调查结果可以看出，伊春地区仅有 4 只东北虎，并且分布的范围也很小，东北虎主要分布于东南部山地的张广才岭、老爷岭和完达山林区。

# 一·调查起因与筹备

　　1973年12月16日，黑龙江省五常县政府的一个办公室里，坐满了来自黑龙江省的有关野生动物保护管理的领导干部和专家学者。会议主题除了安排全省狩猎生产外，还有一项重要议题：动员启动黑龙江省珍贵动物资源调查工作。国家已经下发了通知，要求在3年内对于野生动物资源丰富的重点省份开展一次全国性珍贵动物资源调查。通过学习、讨论和交流，大家充分认识到，黑龙江省野生动物资源丰富，不仅种类多，而且数量大，还有不少属于稀有珍贵动物，都是国家的宝贵自然财富。进行珍贵动物资源调查，掌握珍贵动物的分布、数量与消长状况是加强动物保护的基础，也是实现科学的经营管理、促进经济发展、开展科学研究和增进对外交流的需要。许多珍稀野生动物堪称国宝，深受世界人民的喜爱，它们作为世界和平与友谊的使者，已经载入对外交往的史册。然而却很少有人知道，正是因为珍稀动物常被作为国礼对外赠送，才促使了这次全国性的大规模珍贵动物资源普查的启动。

　　20世纪70年代初，中国乒乓球队率先以"小小银球传友谊"，打破了长达20多年的中美关系坚冰。1972年2月21日至28日，时任美国总统的尼克松应邀首次访华。访问期间，总统夫人帕特曾经转达了她和美国人民对中国大熊猫的喜爱之情，在参观北京动物园大熊猫馆时，她长时间驻足观看、拍照，不断称赞大熊猫可爱，并且试探性提出想要大熊猫。我国最终决定将一对大熊猫赠送给美国，1972年4月，一对中国大熊猫"玲玲"和"兴兴"作为中美两国的友好"使节"，来到了美国首都华盛顿国家动物园。这不仅受到当地人民的热烈欢迎，还引起了世界性轰动。于是，国际上兴起一阵大熊猫热潮，包括越南、朝鲜等多个国家都希望能得到中国的大熊猫。在这种情况下，周恩来总理便查问我们国家还有多少只大熊猫？大熊猫都生活在哪里？一年大约能生多少小崽？但竟没有一人能够回答，可

> 野生动物栖息地

谓是一问三不知。正是由于这种原因，国家要求尽快开展野生动物资源普查。1973年10月，国家野生动物主管部门，当时的农林部主持召开了重点省区珍贵动物资源调查座谈会，决定对全国珍贵稀有野生动物的数量和分布进行一次全面调查，要求查明珍贵动物的种类、数量、分布和生存的基本情况，于是，一次全国性的珍贵动物资源调查展开了。

　　黑龙江省在五常县召开的开展珍贵动物资源调查启动会议的参会人员中，有的是刚刚从基层回归岗位的专家学者，也有来自各市县的一线调查骨干。会议首先传达了农林部下发的《关于全国重点省区市珍贵动物资源调查要求》的文件，随后省林业、外贸、供销系统的有关同志进行了表态发言。大家对开展珍贵动物资源调查热情很高，讨论发言积极踊跃，各抒己见，献计献策。会议要求各地区抽调一批政治条件好，业务能力强，有一定野外工作经验的干部，组建地区"珍贵野生动物资源调查办公室"和一支8～10人的调查队。调查以县（旗）为单位，重点县要建立自

> 白桦林

己的调查队。开展野生动物资源调查，首先要成立调查办公室，确定骨干力量，制订调查方案，组建调查队伍，统一调查方法。调查物种主要有东北虎、丹顶鹤、驯鹿、紫貂等。东北虎是大型猫科动物，在森林生态系统中处于食物链的顶端，由于捕食有蹄类等草食动物，能够间接地调节野猪、马鹿、狍等物种的种群密度，有利于维持森林生态系统的自然平衡，东北虎捕食的多为老弱和发育不良个体，对有蹄类种群复壮和淘汰劣势基因也起到了重要作用。掌握东北虎的分布和数量，有利于更好地开展保护。

　　通过讨论，会议本着认真贯彻执行国家"护、养、猎并举"的方针，进一步明确了调查任务，各调查组需要提交以下4项成果：①查明黑龙江省珍贵动物和主要经济动物资源现状；②绘制出野生动物资源分布图；③提出各种珍贵动物资源的保护措施和建立自然保护区的规划方案；④制订出狩猎事业长远发展规划。由于当时能够参加野外调查的专业技术人员较少，在全省各市县进行调查时必须要抽调当地调查骨干组建调查队伍，进行业务培训，然后在专家的指导下进行野外调查收集原始资料。

为了保证调查工作的顺利进行，调查办公室的业务秘书马逸清先生起早贪黑地编写调查技术资料，以内部刊物的形式印制《野生动物保护利用》专辑，分发给全省各市县调查队作为技术指南和培训教材。从调查开始到结束，总共出了5期，尽管是内部资料，但每期的编写、制作都非常严

> 梅花鹿的足迹

> 驼鹿的粪便

肃认真。在1974年编印的第1期《珍贵动物资源调查》专辑上刊登了《黑龙江省冬季兽类雪地足迹鉴别检索表》，供调查队队员在野外样线调查中鉴别物种参考使用。在1975年第2期《关于野生动物资源调查方法》专辑中，全面刊登了这次调查的技术要求和调查程序，如调查准备、资料收集、珍贵动物简介、调查方案、调查记录、珍贵动物数量调查方法、数据整理、调查报告编写等，也包含了主要调查物种和足迹测量的附图。在黑龙江省东北虎是最重要的调查对象之一，由于东北虎是大型捕食性兽类，活动范围很大，当时我国还没有可以借鉴的数量调查方法，因此要查阅国内外最新的资料，特别是要根据我国东北虎分布、活动的具体情况，来探索科学的并且可行的调查技术方法。鉴于此，他还特别编辑登载了《黑龙江省东北虎生活月历》和《东北虎的数量调查方法》，不仅揭示了东北虎的活动规

**虎的领域面积**

领域是指野生动物占据并加以保护的区域。野生动物会维持自己的领域不被其他个体侵犯，虎是具有明显领域行为的物种。虎的领域大小根据不同地区、食物丰富程度以及植被状况而变化。例如，在印度热带雨林，生态系统中初级生产力很高，有蹄类猎物种群密度大，单位面积上的生物量很高，虎的领域面积则较小，一只雌虎的领域面积仅有20～30平方千米。在俄罗斯远东和中国的东北地区，冬季漫长，森林生态系统中初级生产力较低，有蹄类等猎物的生物量也较低，那么，虎对领域面积要求很大，每只成年雌虎大约需要400平方千米不重叠的领域，才能保证足够的有蹄类动物以支持其生存和繁殖。

律和生态习性,也明确地提出了在通过访问和问卷调查掌握分布的情况下,对东北虎采取跟踪调查,根据足迹查明其个体或家庭活动小区域的数量统计方法。

明确了调查方法后,各地组建的野生动物资源调查队在专业骨干的带领下,在大、小兴安岭和东部山地林区开展了大规模的东北虎野外调查。

# 二 · 大兴安岭查虎踪

大兴安岭林区位于黑龙江省西北部，其地理位置堪称"金鸡之冠，天鹅之首"。东邻绵延千里的小兴安岭，西依呼伦贝尔大草原，南达肥沃富庶的松嫩平原，北与俄罗斯隔黑龙江相望。在大兴安岭脊与横亘其间的伊勒呼里山交汇的大白山地势最高，海拔达到1 529米，成为北部黑龙江水系和东南部嫩江水系的分水岭。由于气候寒冷，冬季最低温度经常在零下40摄氏度。从遥远的古代开始就有我们的先民在这里生息，因地广人稀，人们多以渔猎谋生为主。大兴安岭山峦起伏，总面积约8.7万平方千米，以兴安落叶松占优势的明亮针叶林植被茂密，大小河流纵横交错，由于开发的历史较短，人烟稀少，为野生动物提供了良好的栖息环境。

历史上大兴安岭曾经有东北虎的分布，进入20世纪70年代，随着林业的大规模开发，这里已经成了国家重要的商品林生产基地。随着人口逐渐增多，生态环境遭到破坏，东北虎的活动信息越来越少，究竟还有没有东北

虎栖息活动成了谁也说不清楚的谜。1974年开始进行的珍贵动物资源调查，为解开这个谜题带来了机遇，大兴安岭地区成立了调查队，开始了全面调查。

> 大兴安岭的河流与植被

> 玉树琼花

调查东北虎是一项十分艰巨的任务。东北虎不仅是大型猛兽，且数量极其稀少，在茫茫林海中，调查东北虎的分布区和种群数量绝非易事。大多数捕食性兽类，都有昼伏夜出的生活习性。虎是大型捕食性动物，多在晨昏活动，其活动高峰期基本上与草食动物采食活动时间相吻合，为了跟踪捕食猎物，虎往往需要长距离地迁移游荡，活动范围相当大。野生虎栖息的森林，大多是人迹罕至的偏远之地，由于当时交通不便，通信设备缺乏，野外调查必须提前做好充分的准备工作。

在大兴安岭珍贵动物调查期间，根据访问得来的信息和以往掌握的东北虎等珍稀动物的分布区、主要活动范围等线索，调查队划分成小组分头进行样线调查。当时内蒙古自治区的呼伦贝尔市还由黑龙江省管辖，调查的第一站是阿里河，也就是鄂伦春自治旗。这里是我国少数民族之一的鄂伦春族人世代集居的地方，鄂伦春意为"山岭上的人"，他们长期以狩猎生活为主，采集和捕鱼为辅。几乎所有的男子都是优秀的骑手和百发百中的射手，他们对各种野兽的习性和生活规律了如指掌，有丰富的狩猎经验。直到20世纪40年代，他们仍然在深山里住"撮罗子"（一种圆锥形房子），穿兽皮缝制的衣服，使用桦树皮制作的器具，获得猎物在部族内平均分配，保留着传统的游猎民族习俗。中华人民共和国成立后，鄂伦春族人逐渐走出大森林，开始了半耕半猎的定居生活。20世纪90年代实行全面禁猎以后，狩猎远离了他们的生活，成为历史。当时，野外调查队请鄂伦春族人当向导，交通工具主要是当地的马或者在雪地上使用马爬犁。虽然翻山越岭寻找野生动物踪迹非常艰苦，但是调查队队员们亲身体验了"高高的兴安岭，亭亭的白桦林，滚滚的诺敏河，勇敢的鄂伦春，一匹马呀一杆枪，獐狍野鹿满山岗……"的少数民族生活，也获得了许多乐趣。从阿里河向西大约150千米就是当时的额尔古纳左旗政府所在地根河。根河是蒙古族语"葛根高勒"的谐音,意为"清澈透明的河"。调查队队员们在潮中山地进行了野生动物的大样方调查,统计分析有蹄类等动物的种群密度,以便评估大型捕食兽类猎物的丰富度。随后调查队队员们越过大兴安岭山脊,沿着金河水系来到牛耳河。这个坐落于大山深处的偏远小镇,群山环抱,绿水相拥,草地如茵,蓝天白云,环境优美如画,森林中的松子、榛子、蘑菇、蓝莓、雅格达、蓝靛果等物产丰富,但由于交通不便,外地人却很少到来。

　　继续向北便到了满归的敖鲁古雅,这里是我国最后的一个"狩猎部落"——被称为使鹿人的鄂温克族定居地。鄂温克族在我国境内分为三支:一支在讷河流域从事农业生产,人数最多;一支在草原游牧;还有一支人数最少的,生活在根河市敖鲁古雅乡,他们早年生活在深山老林里,以狩猎和养驯鹿(*Rangifer tarandus*)为生,住"撮罗子",是中国唯一还在使用鹿的民族。敖鲁古雅的鄂温克族人是三百多年前从列拿河一带迁到额

> 东北虎的足迹

尔古纳河流域的，当时有七百余人。在列拿河时代，他们就开始驯养和使用驯鹿，后来由于列拿河一带猎物少了，他们便顺着石勒喀河来到了大兴安岭北麓的额尔古纳河流域。由于敖鲁古雅驯鹿的食物丰盛，具有适于半散养的自然条件，鄂温克族人从此在此定居，除了狩猎以外，就是饲养和使用驯鹿。驯鹿是体型中等的鹿，是当地鄂温克族人的交通运输工具，被称为"林海之舟"，雌雄均生角，在地理分布上，它们属于环北极物种，鄂温克族人摸索出了一套适应大兴安岭气候、食物条件、温度、湿度等自然特点的散养驯鹿的方法，使驯鹿在远离北极苔原地区依然得以生存繁衍。聪明勤劳的鄂温克族人保存并且发展了驯鹿散养利用技能和驯鹿文化。

鄂温克族人十分好客，对远道而来的客人以礼相待，他们常说"远方的来客不会背着自己的房子走"，认为如果客人来了不好好招待，自己以后出去也不会受到礼遇。他们待客豪爽、热情，首先要敬奶茶，招待客人必须有酒有肉，酒多为白酒，也有自家酿制的野果酒。不仅拿出最好的山产品招待来客，还展示他们用驯鹿皮、桦树皮和其他兽皮手工制作的鞋帽、服饰、日用品和工艺品等。鄂温克族人非常熟悉当地野生动物状况，给野生动物资源调查队提供了许多有用的信息，在进行野外调查的过程中，也给予了很大帮助与支持，主动提出当向导，用驯鹿拖运物品，解决了野生动物资源调查队在大森林中宿营的生活难题。

激流河是额尔古纳河的最大支流。敖鲁古雅位于激流河的中上游，调查队沿着这条弯弯曲曲的宽阔河道继续追寻东北虎的足迹。激流河又称贝尔茨河，鄂温克语意为"水流湍急的河"，全长467.9千米，流域面积15 845平方千米，仍保持原始的生态环境。河流在大兴安岭西北部原始森林区盘桓伸延，冬季冰封时节，近看两岸白雪茫茫，银装素裹，树木挂满了雾凇，晶莹剔透，似玉树琼花，简直是人间仙境。远眺结冰的河面，或明亮如镜，或落满积雪，像一条银带飘落于崇山峻岭之间。河流两岸的原始林是野生动物经常活动的区域，在雪地上可以发现一串串大型兽类足迹，马鹿(*Cervus elaphus*)的足迹链较多，狍(*Capreolus pygargus*)的足迹更为常见，偶尔还有成群的野猪(*Sus scrofa*)经过，足迹显得杂乱无章。调查期间还发现了驼鹿(*Alces alces*)、貂熊(*Gulo gulo*)、猞猁(*Lynx lynx*)、水獭(*Lutra lutra*)、紫貂(*Martes zibellina*)等珍贵动物的足迹,偶尔能够见到其他小型兽类如雪兔(*Lepus timidus*)、黄鼬(*Mustela sibirica*)、松鼠(*Sciurus vulgaris*)、小飞鼠(*Pteromys volans*)、香鼬(*Mustela altaica*)等在雪地或树上活动,最常见的还是它们留在雪地上的足迹。

为了寻找东北虎等珍贵动物,调查队队员们冬季迎着凛冽的寒风,踏着没膝的积雪,夏季不顾蚊虫叮咬和日晒雨淋,克服了重重困难,辗转于额尔古纳河流域。特别是夏季天气闷热,调查队队员们在泥泞的沼泽地里穿行,浑身是汗,黑斑蚊又大又厉害,轮番扑面而来,伸手在脖子上摸一把,满手是血!调查队队员们自我调侃:"人过四十五,身埋半截土,生活过得去,何必找辛苦!"但尽管如此,调查工作却取得了很大进展,发现了许多珍稀物种及其繁殖地。在调查总结会上,队员们都很高兴,还把打油诗改为:"人过四十五,要学新事物,为党查资源,不怕吃大苦!"

大兴安岭野生动物资源调查队历经3年时间,北部直到黑龙江畔的北极漠河,再从西林吉经塔河到呼中,足迹踏遍了这片人迹罕至的原始森林和沼泽草地。1976年末,大兴安岭调查工作完成,调查样线长度累计超过12 000千米,调查样线和样方1 000多个,参加调查的人员有230多人。野外调查覆盖了东北虎可能分布的所有林区及河流湿地,却始终没有发现东北虎足迹以及任何活动痕迹,我们由此得出一个令人遗憾的推断:东北虎已经在大兴安岭林区这片广阔的森林中消失。

# 三·遥远的虎啸

　　1974年至1976年调查期间,虽然在大兴安岭没有发现东北虎的踪影,但其在历史上确是东北虎的分布区,例如,赵春芳在牛耳河流域看到东北虎足迹(1908年),卢卡什金编著的《北满哺乳动物志》中对东北虎也有明确的记载(1936年)。至于远离东北虎的发源地且以针叶林为主的高寒原始地带,在遥远的荒古阶段,虎何时扩散而来,依据考古学家发现的化石已经证明,早在更新世中期虎就已来到东北平原,可以说这里的虎"古而有之"。因为古代的东北为塞外荒僻偏远之地,气候恶劣,很少有先民生息并且文明滞后,可考的记载甚少。

　　根据动物地理学,虎是适于生存在温带自然环境的物种,它们不具备抵御寒冷和炎热气候的生理结构,虎是大型捕食性兽类,更需要有较高生物量的生境来满足其对食物的需求。从东北虎历史分布区图上可以看出,大兴安岭及相邻的俄罗斯边境属寒温带地区,是东北虎分布区的西北部边缘。在野外调查中当地居民也反映"曾经听上一辈老人说过有虎,但是非常少,很难见到"。在东北猎虎多年的俄罗斯人巴依柯夫,他在1925年写的《满洲的虎》一书中也指出,东北虎主要分布于满洲东部山脉,也就是中国吉林省、黑龙江省和俄罗斯滨海边区之间的河流、山地森林的广大区域。由于是分布的边缘区,包括相邻的内蒙古自治区和俄罗斯东北虎分布区,当生存环境发生变化时,边缘效应首先就会导致小种群物种消失,何况近一个世纪以来一直处于衰落状态的东北虎种群。

　　过去大兴安岭有东北虎生存,主要分布在哪里?又是什么时间绝迹的呢?我们只能从一些记载中寻找答案。在古代文献中对野生动物的记载多见于地方志书的物产、贡赋部分,或散见各种游记、考察报告等。明正统八年(1443年)毕恭纂修的《辽东志》记载,斡难河等地,需缴纳"马、失利孙(猞猁)、貂鼠(紫貂)皮、金钱豹皮",虽然所贡物产没有虎,但是

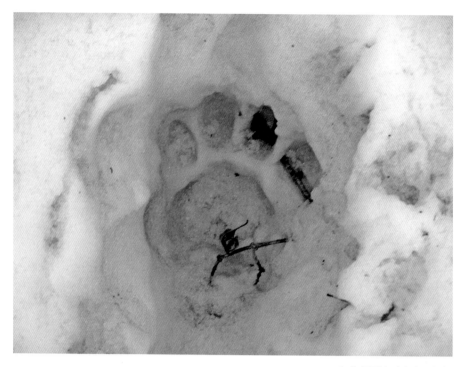

其中有豹皮，而虎与豹在分类上为同一个属，它们对栖息生境的要求基本相似。清嘉庆十五年（1810年）西清编撰的《黑龙江外纪》卷八记述了当地物产，指出兽类中有虎、鹿、驼鹿、驯鹿、猞猁、狐等，并且对许多种类的形态特征、生活习性和捕捉方法等有较为详尽的描述。

清宣统三年（1911年），由当时担任珠尔干河总卡官的赵春芳撰写的《珠尔干河总卡伦边务报告书》，对大兴安岭东北虎等兽类有较多记载。珠尔干河是额尔古纳河右侧支流，卡伦即为边防哨卡。1908年5月，赵春芳受呼伦贝尔副都统宋小濂委派去边境调查测距绘图，作为设立卡伦的依据。赵春芳会同齐地山带领1个随员、4个护兵，背着干粮起程沿边境线进发，自塔尔巴干达呼山起，至额尔古纳河口止，进行实地勘察。他们披星戴月，跋山涉水，百苦尽尝，水旱行程共计750千米，方完成查勘任务。报告书以日记形式描述他亲历考察所见所闻，对"未见未闻者，概不采入"，

> 湖光山色

特别是勘察之地"千百年荒凉地面，高山大川，人所罕到，即历代典籍舆图，亦多阙如"，其资料则更显弥足珍贵。书中明确记载"兽则有虎"，但已"不多"。他在一次实地调查的日记中写道："宣统元年（1909年），五月初八日……牛耳河两岸草甸宽大，有宽长五六里者，有七八里者，因本年开冻至今无雨，天旱过甚，草为之枯。是日所行道路，每于泥泞处见有熊、狼暨犴达尔犴等兽之踪迹，并有爪大似盘者，则虎迹也，深入无人，司怖矣夫！"从赵春芳的记述中，我们可以想象出早在一百多年前，大兴安岭腹地原始森林仍是一片荒凉之地，随处即可发生熊跃狼嚎、鹿奔虎啸的场景。

在早期,有许多外国学者涉足大兴安岭考察并采集标本,进行野生动物研究。著名生物学家帕拉思于1772年,调查了从贝加尔湖到大兴安岭北部的达乌尔地区的野生动物,大兴安岭分布的兽类中至少有12个物种由他定名。后还有米登道尔夫、托马斯、雷迪、麦塞及水野馨等对黑龙江流域及大兴安岭野生动物进行考察、采集标本或研究。随着中东铁路(1903年)的贯通,东北虎则遭遇了前所未有的灭顶之灾,驻扎的护路军人和专业狩猎者,围杀东北虎持续了30多年,期间估计有1 500~1 800只东北虎成了他们枪下的猎物。也就是说,按照当时东北虎分布面积来计算的话,平均每1 000平方千米就有1.5只东北虎丧生在这些人的枪口之下,可见早期对东北虎的猎杀是多么残酷无情。

20世纪20年代,大兴安岭还有东北虎栖息活动,尽管数量已经很少了,但是还有猎捕到虎的记录。1925年,有少数民族的猎人曾经在呼玛河上游猎到过虎,并且认为当时呼玛河上游的虎几乎不可能越过额尔古纳河向北去游荡。除了1925年那只被猎杀的虎,1953年11月,在黑龙江左侧支流靠近加齐穆尔河也捕到过1只虎。通过访问调查,大兴安岭最后1只虎的足迹,是1962年发现于东北部呼玛河的上游,它很可能到达激流河并顺

> 早期被猎杀的东北虎(照片来自E. N. Matyushkin, 1998年)

## 虎的进化

虎是由古食肉类动物进化而来。距今700万年前的新生代第三纪上新世，大型食肉哺乳动物出现并逐渐发展为古食肉类，其中猫形类进化出现几个分支，古猎豹贯穿各个地质时期进化为现今的猎豹；犬齿高度特化的古剑齿虎类和伪剑齿虎类在第三纪晚期都已灭绝；古猫类得以幸存并继续发展。古猫类又分化为恐猫、真剑齿虎类和真猫。其中恐猫和真剑齿虎类在第四纪冰川期灭绝，而真猫类逐渐分化为猫族和豹族两个分支。虎是从真猫类的猫族演化而来的。

流而下进入额尔古纳河流域。大兴安岭最后1只虎的记录，可能就是库契林科在《苏联狩猎杂志》（1970年）报道的，1967年夏天，在苏联境内的石勒喀河口附近被猎杀的1只雌虎。此后，大兴安岭的虎再无音讯，可以说虎去林空，威震四方的虎啸声已经变得越来越遥远。

# 四·首次普查兽中王

虽然大兴安岭分布的东北虎已经销声匿迹,可是在东部山地的张广才岭、老爷岭和完达山林区发现东北虎的消息却接连不断。因为虎是大型猛兽,需要捕食食草动物生存,活动范围很大,我国还没有在东北地区调查东北虎数量的确切方

> 测量虎的足迹

法,所以必需按照事先制订的调查方案,逐渐摸索经验,通过试点找出规律,然后在各区县推广,来保证调查结果的可靠性。

位于完达山东部的虎林县是东北虎的重要分布区之一,被选作试点县。1974年,通过发动群众提供信息、进行访问座谈等方法,从当地的林场技术员、工人、猎民和生产建设兵团指战员等人群中收集到许多关于东北虎踪迹的信息。调查人员仅选择1970—1974年内的信息进行分析,从中归纳出有价值的线索,并将信息中发现虎迹的地点标记在地图上。根据这些线索和虎迹位置,结合东北虎家族群或领地分析,最终确定了4个区域,分别是海音山及东八支线、方山、十八公里大沟、云山及杨岗。每个区域提供的发现虎的数量可能并不与实际相符,因此必须利用雪被条件,查找东北虎足迹链,通过对足迹的测量来确定个体数。由于雪深和不同基底的足迹大小略有变化,而虎的掌垫宽度则所受影响较小,比较稳定,因此调查人员确定以掌垫宽度结合步距和趾的特征作为区分个体的依据。在当地人员的配合下,调查队队员们踏着积雪翻山越岭,通过野外调查样线寻找东北虎足迹。最终根据发现的新鲜足迹分析,海音山及东八支线由林场职工和兵团官兵提供的可能有4只虎的信息,经鉴定有3只;方山由猎民彭

志远提供的可能有1只虎的信息，经鉴定有2只；十八公里大沟辛连长提供的可能有4只虎的信息，调查足迹分析只有2只；云山及杨岗由林场技术员盖树智提供的信息是可能有3~4只虎，根据测量发现的足迹确定有4只虎（其中有1只幼虎）。最后确定虎林县东北虎的数量为11只。

　　调查专家组对这种调查方法进行了讨论研究，大家认为这种方法可行，能够提高东北虎数量调查的准确度，同意这种方法在其他市县推广，但是必须有专业技术人员参加调查，对东北虎分布的区域界限和根据足迹测量数据判别个体数量予以把关。随后，黑龙江省各市县调查队在3年时间里开展了东北虎的全面调查，调查队队员们发扬"不怕苦、不怕累、不避艰险"的精神，克服重重困难，顺利地完成了东北虎调查任务。

　　1976年，黑龙江省野生动物资源调查办公室对全省各市县调查报告进行统计汇总，将调查结果编写成《黑龙江省东北虎调查报告》，并绘制了《黑龙江省东北虎分布图》，在黑龙江省野生动物资源调查办公室编印的《野生动物保护利用》发布。现将当时东北虎调查结果抄录如下：

>　白桦落叶松林

> 野外调查

　　伊春地区分布东北虎4只。其中大丰林业局3只，调查时间1976年3月，分布于丰沟林场、东山沟；桃山林业局1只，调查时间1996年3月。

　　松花江地区分布东北虎21只。其中尚志县12只，调查时间1974年12月至1975年3月，分布于亚布力、沙河大顶子、白石砬子、老街基；延寿县4只，调查时间1974年12月至1975年3月，分布于石泉山、八豁岭；方正县3只，调查时间1975年12月，分布于宝清林场、白石砬子；五常县2只，调查时间1974年12月至1975年3月，分布于红旗林场凤凰山、永胜林场大顶子山。

　　牡丹江地区分布东北虎38只。其中虎林县11只，调查时间1974年12月至1975年1月，分布于海音山东八支线、方山、云山、十八公里大沟；东宁县9只，调查时间1974年12月至1975年2月，分布于黄泥河东山顶、十文治后山、奔楼头、万宝湾等地；宁安县10只，调查时间1975年2月，分布于江东林场、小北湖、尔站、城墙砬子等地；海林县1只，调查时间1975年11月至12月，分布于海浪林场100林班；穆棱县3只，调查时间1975年2月至1976年3月，分布于红房子、鸡冠砬子、东兴所70林班；林口县1只，调查时间1975年12月，分布于三道

> 狍的足迹链

通公社藏富大队西北沟；密山县3只，调查时间1975年2月至1976年1月，分布于二龙山林场、三道岭林场、老岗等地。

合江地区分布东北虎18只。其中汤原县4只，调查时间1974年12月，分布于亮子河林场、鹤立局东风所、鹤岗摩天岭；桦南县5只，调查时间1974年12月，分布于孟家岗、五七林场、丰乐、永青林场四道沟；集贤县4只，调查时间1974年12月，分布于七星砬子、胡小趟子、西大瓮、转角楼；宝清县5只，调查时间1975年冬，分布于头道岗、宝山、六道林场。

调查结果，黑龙江省东北虎的数量为81只，相邻的吉林省东北虎数量为70只，1974—1976年间我国野生东北虎总计数量为151只。这是我国第一次采用跟踪雪地足迹，划分家域和根据足迹掌垫宽度区分个体的方式，调查统计东北虎数量和分布的结果。调查结果可以看出，伊春地区仅有4只东北虎，并且分布的范围也很小，东北虎主要分布于东南部山地的张广才岭、老爷岭和完达山林区。

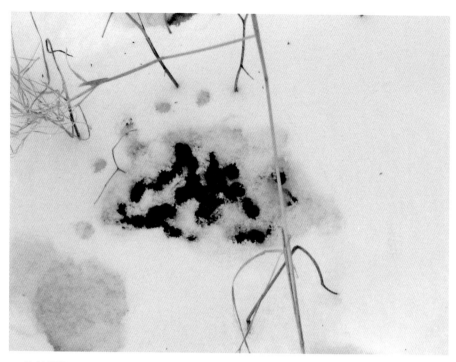

> 狍的粪便

在20世纪60年代至70年代，我国东北虎的数量虽然已经呈现下降趋势，但是数量仍然比较多，分布的范围也很广。这次调查不仅查清了东北虎的分布与数量，也调查了过去30年在黑龙江省境内东北虎被猎捕的具体时间、地点及数量。经统计共捕杀东北虎95只，其中捕捉幼虎23只。分析认为，造成东北虎被捕捉和猎杀的原因是多方面的，捕捉幼虎基本上是用于动物园或饲养繁殖部门进行人工饲养和展出，虎被猎杀除了人与虎发生冲突的原因之外，大多数是因虎骨和其他虎产品，当时制药厂大量收购虎骨，导致一些猎人为了从中获利而捕杀虎。过度的捕捉和猎杀在当时对东北虎威胁比较严重，这也是导致东北虎种群数量减少的重要原因之一。

前后历经3年时间，在黑龙江省全省开展的珍贵动物资源调查取得了丰硕的成果。"黑龙江省珍贵动物资源调查"荣获1978年全国科技大会奖；"黑龙江省东北虎调查"荣获1978年黑龙江省科技大会奖。

# 第三章

# 第二次调查

通过综合分析第二次调查所发现的东北虎信息，黑龙江省森林工业总局吴宪忠等对全省分布的野生东北虎数量确定为 10~14 只。调查结果显示，在 1975 年到 1991 年期间，东北虎的分布区域已经退缩为"岛屿状"分布，种群数量下降率为 84.2%，年均递减率为 11.6%。东北虎的数量多年来一直在以惊人的速度下降，敲响了必须加强东北虎及栖息地保护的警钟。

# 一 · 森林工业林区大调查

　　20世纪80年代末，我国颁布并实施了具有历史意义的《野生动物保护法》，野生动物保护管理逐步得到重视。东北林区具有丰富野生动物资源优势和传统狩猎组织的基础，适合发展旅游狩猎业，随着改革开放的不断深化，林区一些单位借助当地的自然条件，纷纷申办开放式狩猎场。此外，许多营林部门也反映林区马鹿种群密度太大，甚至对营造的落叶松幼树造成被采食的危害。黑龙江省森林工业总局（以下简称"黑龙江省森工总局"）国有林区拥有10万多平方千米森林面积（本书中将此森林称为"森工林区"），是野生动物最集中的分布区，要做到既不破坏现有的野生动物资源，又能够合理经营利用，必须先进行全面调查，摸清情况。因此，黑龙江省森工总局野生动植物保护管理部门组织了由科研、教学和生产单位联合进行的森工林区野生动物资源调查。

　　1989年10月，黑龙江省森工总局野生动植物保护管理办公室吴宪忠总工程师主持召开调查动员大会。会上介绍了这次全省野生动物资源调查的主要调查技术负责单位，明确了调查目的、意义、组织安排、调查步骤、责任和具体技术要求，要求调查结果必须由专家组进行鉴定验收。参加会议的专业技术人员重点讨论了调查技术方案。这次调查的重点是分布于森工林区的大型兽类，包括主要经济兽类和鸟类。当时森工林区分布有东北虎、豹（*Panthera pardus*）、梅花鹿（*Cervus nippon*）、紫貂、原麝（*Moschus moschiferus*）、斑羚（*Naemorhedus goral*）等数量非常稀少的珍贵物种，要分区调查，按照调查样线发现的足迹等活动痕迹数量，结合访问调查获得的可靠信息资料，直接分析统计分布数量。而林区中马鹿、野猪、狍、黑熊（*Ursus thibetanus formosanus*）、棕熊（*Ursus arctos*）、松鼠、黄鼬等数量较多的种类，采取冬季雪地样线调查法，根据发现的足迹链与实体换算关系间接统计调查地区的分布数量。以每个林业局的施业区为调查单元，全省40个森工林业局全部进行调查，最后汇总结果。

野外调查工作量大，非常艰苦。要保证调查样线所代表的实际调查面积占调查地区总面积的10%，即使是一个面积为2 000平方千米的林业局，除去不适合野生动物栖息活动的区域以外，也需要布设100多条调查样线。如果积雪不是很深，调查样线长度可以达到10千米，如果积雪深度超过50厘米，一般每条样线长度大约在7千米，而实际要走的路程会超过7千米，因为即使有车接送也不能直接到达样线的起点和终点，必须要走很长的山路。

林场通常会派车接送调查队队员们去较远的样线调查，但赶上没有车或出车太晚会耽误任务的时候，我们只好搭乘送采伐工人的通勤车，早上天不亮就得上山，这是一天当中最冷的时候，站在敞篷解放大卡车上，迎着呼呼的寒风，身上的羽绒服很快就被风吹透了，呵出的气立刻在眼前和衣领上结成白霜。当我们抵达目的地下车的时候，互相一看，一个个都变成了白胡子老头。那时候森林里的动物比较多，当地人经常在山上受到野熊的攻击，不是被野熊拍倒坐在身上，就是耳朵、头发被野熊抓伤。因此我们每组上山都要带一支猎枪防身，以防遇上危险。沉重的猎枪也为我们爬山越岭增加了负担。为了节省人力，抓紧时间多跑一些样线，通常一条样线只有专业人员和向导两个人。1990年冬天，我和王云正在大山里面按照预先制订的线路向山上蹚雪行进时，就听见前方右侧传来几声枪响，我们估计一定是有偷猎的，就急忙加快脚步朝着枪响的方向赶去，这时听见前面树林中有一群野猪呼啦啦地跑了过去，还夹杂着小猪的叫声。在我们正向猪群经过的地方跑去的时候，走在前面的我突然被从对面林子里一下子蹿出的七八条猎狗围在了中间，没办法向前，我只好一面温和地安抚猎狗别咬我，一面等后面的伙伴。当王云过来的时候，远处出现了两个手持猎枪的中年人，我们问他俩是不是刚才开枪打了野猪，他俩说没打着，这群野猪都跑了。他们可能以为我们是林业局林政科抓滥捕乱猎的，说完不等我们到跟前，唤着他们的猎狗飞快地钻进林子溜走了。我们本想狠狠地教训一顿这些不法的偷猎者，没料到让他们跑掉了。我们顺着他们过来的脚印往前找，不远处雪地上有许多脚印，人的、狗的和野猪的混乱

> 野猪

一片，王云过去也是猎手，他顺着岔向林子里的另一条脚印，很快就找到了被埋藏在深雪中的两头刚刚被猎杀的野猪。就像这些野猪一样，森林里的其他野生动物也经常被盗猎。

调查样线必须随时记录遇到动物的足迹链数量、动物实体、林相、环境因子和动物活动留下的其他痕迹，并且还要集中做调查样方。在森林中有时能够发现野生动物的实体，我们曾经遇见过一群马鹿，至少有八九只，一有人接近，它们便在雪地上奔跑，场面非常壮观。还常常听见野猪跑动和叫唤的声响，但看到实体不容易，它们很警觉。在调查中也经常能见到狍、雪兔、东北兔(*Lepus mandshuricus*)、松鼠、黄鼬的实体。每到一处，我们都抽时间找当地了解野生动物的人召开座谈会或者个别谈话，主要针对东北虎、豹、猞猁、斑羚等数量非常稀少，即使在样线上发现过足迹但不足以统计数量的种类，林区的人大都忠厚，知道多少就说多少，可信度比较高，这对我们具体分析统计调查结果很重要。

这次历时3年高密度、大规模的黑龙江森工林区野生动物资源调查，参与调查人员320多人，完成调查样线3 700多条，调查样方110多个，对分布于东北林区的马鹿等9种经济兽类资源的分布和种群数量进行了统计，并且确定了不同林区的分布密度；对东北虎等5种珍贵稀有兽类进行了数量评估，并且明确了主要分布区和濒危现状。

# 二·踏遍小兴安岭

　　小兴安岭素有"北国林海"之称，也是全国闻名的"红松故乡"，方圆几百千米，山脉连绵起伏，层峦叠翠，树木郁郁葱葱，滚滚的汤旺河由北至南贯穿其中。由于小兴安岭森林开发较晚，树木茂密，地形复杂，河流纵横交错，气候适宜，分布着丰富的野生动物资源，其中有许多国家重点保护的珍稀濒危物种，如紫貂、貂熊、原麝、驼鹿、白头鹤（*Grus monacha*）等，也曾经是东北虎和豹的重要栖息地。

　　在1989年至1991年黑龙江省森工总局国有林区野生动物资源调查中，小兴安岭约占总调查面积的三分之一，是重点调查区。该区南北长320千米，东西宽125千米。南部地势较陡峻，中部较缓，北部比较平坦，平均海拔600米，最高海拔约1 000米。属大陆性季风气候，年平均气温0摄氏度左右，无霜期短，结冻期约250天，年平均降水量为650～800毫米。土壤肥沃，多为森林暗棕壤。植被大部分是以红松为主的针阔叶混交林，在西北部分布有落叶松、白桦林。针叶树种主要有红松、兴安落叶松、樟子松、云杉、冷杉等，伴生枫桦、大青杨、白牛槭、色木槭、蒙古栎、胡桃楸、黄檗、水曲柳、紫椴等阔叶树构成针阔混交林。灌木有榛树、胡枝子、兴安杜鹃、柳叶绣线菊、笃斯越橘、狭叶杜香等。草本植物多达几百种，分布于各种不同的生境类型中。小兴安岭森林不仅蕴藏着丰富的野生动植物资源，也构成了独特的林海森林景观。在丰林自然保护区和朗乡、五营森林公园可以体验原始红松林的壮观，特别是金秋十月，滚滚的汤旺河水映照着五颜六色的五花山，层层叠叠简直就是人间仙境，充分展示出北方针阔混交林的诱人魅力。

　　我的同学孙立涛是当时小兴安岭林区野生动物资源调查的组织者。他带领调查队深入开展调查，踏遍了整个林区。早在1985年至1986年间就组织开展红星、桃山和朗乡等林业局的野生动物资源调查，编写调查方案，同调查队队员们一起穿密林，爬雪山，走样线，吃的是干粮和咸菜，渴了就抓一把雪，困了就睡帐篷。他在野外调查积累野生动物资源数据的基础上，收集了大量的相关资料，建立野生动物资源保护管理档案。同时对野生动物资源保护和开发利用提出了划分繁育区、禁猎区和狩猎区的科学管理方法，得到了当时同行专家和上级部门的认可和好评，并且在黑龙江省森工林区野生动物资源调查中推广了这种做法，各林业局在完成野生动物资源调查之后，要结合当地野生动物资源现状，按照"三区"划分原则，提交保护经营方案，以便加强对野生动物资源的保护管理，这在当时也是野生动物资源保护管理工作的一大进步。

有一次，我们在小兴安岭金山屯林业局白山林场进行野生动物资源调查，2个人一组，按照林相图、林班号确定调查路线分别进行调查。山不算陡峭，但是林下灌木很茂密，踩着厚厚的积雪，走起来很费力。灌木丛

> 汤旺河

> 小兴安岭秋色

是野兔采食的场所，一串串东北兔的足迹横七竖八地交织在雪地上，在足迹旁边常常会发现扁圆形黄褐色粪便颗粒。仔细观察东北兔停留过的地方，接近地面的灌木树皮被啃食掉一大截，露出白白的木质部，东北兔最喜欢吃的是胡枝子的嫩皮。老百姓常说兔子很狡猾，横草不过，成语也有"狡兔三窟"，按理说兔子的繁殖率很高，但是在东北林区东北兔的数量却逐渐减少，究竟是什么原因却不清楚，不太可能是环境变化的影响，也许是它们的天敌太多的缘故。走着走着山脚下树丛中飞起一群花尾榛鸡（*Bonasa bonasia*），当地人称为飞龙、树鸡，大概数一下足有十多只，远远地停落在高高的树枝上。进入深山高大的树木越来越多，这里是大中型兽类的栖息地，我们对发现的狍、野猪的足迹进行测量，连同生境一起记录。在山上的一棵大柞树下，我突然发现树干上有被损伤的痕迹，到近前发现40厘米粗的树干由下至上排列着被动物爬树抓破的树皮，清清楚楚5个爪痕印在上面，可以断定是熊爬树留下的。熊既好动又顽皮，夏秋季节，吃饱喝足了，没事干就爬树锻炼身体，到树上乘凉。我们抬头往树顶看，果然树梢的枝杈被折断一片，有的已经掉下来了，有的还耷拉在树上。尽管爬了一整天的山林，感到很疲惫，但是收获也不小。

晚上吃过饭，安排好第二天调查该准备的事情，我们早早就上床休息，当我们都已经睡下以后，晚上10点左右，我们研究所副所长高志远陪同东北林业大学刘国义老师也到这来了，刘老师是被专门请来指导调查的。那时候通信不便，林场离林业局很远，我们和林场方面的工作人员都不知道他们要来，没有安排住的地方，房间里仅有一张空床，还没有被褥，深更半夜林场又找不到人。我们有些过意不去，都争着把被褥让给刘老师，可是他一再说你们上山累了一天，绝不能让你们休息不好。这两位先生只好摸黑在床上坐了一宿，前半夜还好，到了后半夜又冷又困，实在难熬，结果刘老师患了感冒，但是第二天他还是坚持和我们一起上山调查。

> 东北虎的粪便

历经3年时间，森工林区野生动物资源调查样线遍布小兴安岭各个角落，没有发现东北虎的任何活动痕迹，在访问调查中，也没有最近发现东北虎的信息。历史上，小兴安岭伊春林区是东北虎的主要分布区。据记载，1940年在南岔林业局桦阳林场，一天就捕杀大小东北虎11只。《马永顺传》曾记述在20世纪40年代，在他工作的铁力林业局有一天下午太阳就要落山的时候，其他伐木的工友已经收工，马永顺留下来多干了一会儿。正在锯树时，忽然听到身后面林子里传来"哗啦哗啦"的声响，回头一看，只见十五六米远处有1只东北虎正朝他走过来，他刚想躲闪，东北虎向高处一旋，像刮风似的跑走了，可见当时铁力还是多虎的林区。20世纪50年代，东北虎在小兴安岭的分布范围仍然很广。从伊春林区开发建设到1975年期间，先后在翠峦、伊春、南岔、带岭、朗乡、铁力等地活捕15只、猎杀20只东北虎，其中仅有1只被制作成标本，现存放在小兴安岭资源馆内。1976年进行的珍贵动物资源调查，表明小兴安岭的东北虎由1952年的37只下降到仅有4只。孙立涛曾经说过，在这次调查中，有一位老狩猎队长在座谈时反映，1983年11月他们一行3人在翠峦林业局的联合调查看见过1只东北虎实体；1984年春季，在翠峦林业局挡石河35千米处又发现过1只东北虎的足迹。除此之外，没有其他信息。如果这位猎人所见的是真实的话，那么1984年活动在翠峦林业局的虎也许就是小兴安岭的

**东北虎的栖息生境**

东北虎是分布于最北部较寒冷地带的一个虎亚种，但是，虎对气候条件的适应性范围较大，东北亚的大部分温带和寒温带大面积森林均适于东北虎生存。东北虎栖息活动区域海拔高度一般在1 000米以下，地势、植被和有蹄类动物的分布是决定东北虎生境利用的主要因素。东北虎喜欢在平缓地势的森林中活动，这也与有蹄类动物的分布规律有关，马鹿、野猪和狍经常在海拔较低的山脚下或溪流山谷等平缓地带采食活动。在我国东北地区，东北虎主要栖息活动在海拔250～800米的林地中，在乌苏里江和图们江下游海拔较低的区域也能发现东北虎活动的足迹。东北虎经常出现在森林栖息地或者具有较高草丛等植被覆盖的生境中，尽量避开开阔的景观，东北虎的足迹更多地被发现于红松针阔混交林和蒙古栎落叶阔叶混交林中，几乎很少利用针叶林和其他天然植被。

最后1只东北虎。

连绵起伏的小兴安岭，一望无际的滔滔林海，也是百兽之王曾经的家园。我们应当反思为什么威风凛凛的"山大王"会背井离乡，成为小兴安岭的匆匆过客，也祈盼着有一天它们能重返故乡，再现昔日的雄姿。

# 三 · 完达山惊现虎足迹

　　1988年冬季，黑龙江省野生动物研究所接受东方红林业局野生动物资源调查任务，全所26人分成4组对东方红林业局所属17个林场进行了全面调查。东方红林业局施业区跨虎林、饶河、宝清3个县，地处黑龙江省东北部的完达山林区，东至乌苏里江，北临饶力河，南到虎林，西靠八五三和红旗岭农场，总面积5 800多平方千米，全区南北长180千米，东西宽90千米。完达山主脉略呈东北至西南走向贯穿整个林业局，平均坡度10～15度，局部坡度可达45度。海拔多在300～500米，最高峰位于中部偏南的神顶山，海拔831米，最低处在东界乌苏里江沿岸，海拔仅有47米。河流除了东部与俄罗斯的界河乌苏里江，北部的饶力河以外，其他较大的河流有七里沁河、大牙克河、独木河、大木河、小木河等。完达山是我国森林资源开发利用较晚的林区，森林类型有以红松为主的针阔混交林，以山杨、枫桦为主的阔叶混交林和蒙古栎林，在山间坡缘谷底分布有大面积灌丛杂木林和沼泽草地，为野生动物提供了不同生境类型。

　　我们小组负责调查大岱、永幸、小佳河和东林4个林场。大岱林场是我们进行调查的第一站。林场主任知道我们来调查野生动物资源，马上领着我们到林场居民区一户老乡家安排住处，房东只有老两口，年龄已经60多岁，但是身体却很硬朗，非常和蔼可亲。每天清晨大娘早早做好饭，我们吃完饭天刚亮，按前一天定好的路线出发，晚上天黑之前必须回来。房东魏大爷是位退休的林场卫生所大夫，也和老伴一起忙里忙外，让我们很感动。那时候人们的生活并不富裕，房东看我们冒着严寒，爬冰卧雪在森林里走一天，晚上尽量多做几个菜，想方设法让我们吃得好一点。野外调查确实很艰苦，好在晚上有个热炕，屋里暖烘烘的，能晾干被雪水湿透的鞋袜，第二天继续上山调查。

　　完达山是东北森林资源较好的林区，也是野生动物资源相对丰富的

> 装运木材

地区。由于地处边远的林区还保留有部分成熟林，在20世纪80年代末，林业局木材采伐量仍然很大，一般来说，每个主伐林场年木材生产任务大多在10万立方米左右。每到冬天，是林业生产的黄金季节，林业工人编成连队，在采伐点搭建工棚几个月一直住在深山里，好的连队住的是木刻楞，较差的临时营地就是用塑料布搭建的大棚，用木杆子在两侧支起简易床铺，卷起的行李铺盖一个挨着一个，二三十人住在一起。中间有2个大铁桶接在一起横卧地上，是改装后的火炉子，晚上火炉被烧得发红，靠得近的人被烤灼，距离远点的人还是感觉冷，特别是后半夜炉火熄灭了，棚子里的温度甚至降到0摄氏度以下。在野外调查时也常听说采伐工棚厨房里的鸡和鱼不翼而飞，后来才发现是被钻进来的黄鼬偷走了。林区采伐工人分工明确，油锯手负责放树，也就是伐木，按照规矩，哪些是挂号应该采伐的，伐桩的高矮，树的倒向，怎样防止架挂，防止劈半，在大树欲倒下的刹那间还要高喊"顺山倒……"，接着轰隆一声巨响，上百年的参天大树便倒向雪地。有专门负责打枝丫的，用手锯和大板斧逐一褪掉枝杈。集材的"爬山虎"尽管个头不大，威力却不小，链轨式履带在高低不平的林子里畅通无阻,三四根十多米长的大原木用钢丝绳托在背上,一溜烟被拽到山下。在采伐点楞场上运材车络绎不绝,装车的工人喊着号子,将粗大的原木抬上汽车,运回林业局储木场。造材的、检尺的、集材的、归楞的、运材的工人,热火朝天地进行林业生产作业,油锯声、树倒声、砍枝丫声、集材车轰鸣声、装车工人抬木头的号子声一片喧嚣,打破了千百年来大森林的寂静。

由于森林采伐的影响,野生动物的生境也不同程度遭受破坏,尤其是大型兽类,森林结构的变化和人类活动的干扰,使它们越来越少。东北虎是处于森林生态系统中食物链顶端的大型捕食类动物,它们对环境的变化非常敏感,即使在偏远的林区也很难藏身,因此不得不远走他乡。我们从访问调查中了解到,在20世纪50年代这里出了一位远近闻名的打虎英雄——王顺;60年代,东方红林业局曾经捕捉1只东北虎,送给了北京动物

> 东北虎的足迹链

园；70年代以后，东北虎数量逐渐变少，现在虽然还有东北虎生存，但是已经很难被发现。

从1988年11月16日开始进行东方红林业局冬季调查，到1989年1月20日结束，外业调查2个月，完成调查样线211条，样线总长度2 002千米，做了4个大样方。调查中除了记录到该林区其他所有大型兽类之外，还发现了多年未见的野生东北虎的活动踪迹。

河口林场位于东方红林业局西部，与大牙克、奇源、青山林场相邻。调查队第二小组在河口林场做调查样线期间，从访问中了解到最近有当地人在山上发现过疑似东北虎的足迹，他们决定第二天去现场进行勘察核实。1988年12月11日下午，张明海等调查队人员在疑似东北虎足迹目击者八五三国营农场五十八团二十连工人张某的带领下，经过几个小时的翻山越岭，在河口林场6支线上找到了这条可疑的足迹链。开始发现足迹的时候，由于积雪较深并且很松软，雪地上的足迹只是排成一条直线的深洞，

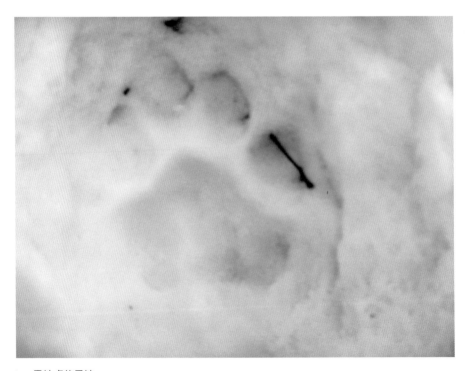

> 雪地虎的足迹

直径在14厘米左右，看不清楚趾和掌垫的形状，难以确定是哪种动物。他们只好继续向前跟踪，越往山上走雪越浅，足迹也越来越清晰，大约过了不到200米，虎足迹的特征已经非常明显。调查队队员经过对足迹的仔细观察，同时对足迹的大小和步距进行反复测量，确认是大型猫科动物东北虎在雪地行走的足迹，掌垫和趾的位置，足迹和步距的测量数据与东北虎完全相符。

　　这次完达山野生动物资源调查又重新发现了东北虎足迹，销声匿迹多年的野生东北虎被证实仍然生存在东方红林区，一时间报纸、广播等新闻媒体纷纷报道了这一消息，1989年第四期《野生动物》杂志也刊出了题为《黑龙江省境内东北虎活动踪迹的最新发现》的署名文章。发现野生东北虎的消息在社会上引起了不小的轰动，社会各方面开始关注东方红林业局野生东北虎。然而不幸的是，当时人们对东北虎等珍稀濒危物种的保护意识依然淡薄，法制观念不强，特别是边远地区的农民乱捕滥猎野生动物已经习以为常，传统的"野牲无主，谁猎谁有"的思想还没有彻底消除。另一方面，虎太珍贵稀少了，并且浑身都是鲜见之物，虎皮、虎骨被视作无价之宝，虎有相当大的诱惑力。没过多久，吉林省蛟河市3个青年农民偷偷潜入完达山林区，连续跟踪东北虎两天一夜，上演了一场虎毙人伤的偷猎者悲剧。

# 四·密林中的枪声

在完达山林区东方红林业局发现野生东北虎的消息，成了当时的一大新闻，迅速通过广播、报纸和杂志向全社会公布出去。在这次调查发现东北虎之前，由于多年没有野生东北虎活动的证据，有的记者不知道从哪里获得的消息，当时甚至在广播电台播出过"我国野生东北虎已经绝迹"的报道。因此，这次在野外调查中重新发现东北虎，确实让人激动和兴奋。然而兴奋并没有持续多久，不知道偷猎者是慕名而来专门为了猎虎谋皮，还是为了偷猎其他大型动物梦想发财却偶然遇虎，1989年11月13日，3个来自吉林蛟河市的农民竟在深山密林中用猎枪将一只活生生的斑斓猛虎打死。

这起令人震惊的完达山林区偷猎东北虎事件，虽然随着岁月的流逝逐渐被人淡忘，可是在东方红林业局野生动物保护管理部门，却是挥不去的一块心病。资源科的程守涛科长，每当发现有东北虎活动痕迹或者有记者采访完达山东北虎的时候，他总是从心里不愿意谈虎的事，甚至偷偷地躲起来，就是害怕报道出去招来图谋不轨的偷猎者，再让为数不多的东北虎蒙受伤害。

当年处理猎杀东北虎案件的材料中记载了这3个来自吉林的猎人："张某君，男，现年26岁，吉林省蛟河市人，汉族，初中文化，系吉林省蛟河市天北乡富岗村农民，8~16岁原籍读书，17~26岁原籍务农，1990年3月28日因非法猎取国家一级重点保护野生动物东北虎被拘留"。"宫某梁，男，29岁，山东乳山县人，汉族，小学文化，系吉林省安图县白河林业局临时工。11~15岁在山东乳山县诸往乡读书，16~26岁在山东原籍务农，27~29岁在吉林省当临时工，1989年11月15日因非法猎取国家一级重点保护野生动物东北虎被收容审查"。因为当时猎杀东北虎的另一犯罪分子张某忠在逃，所以材料中没有关于张某忠情况的记载。

张某君和张某忠是亲兄弟，正值年富力强，平常就喜欢在农闲时上山打猎，1989年冬天没什么活干，兄弟俩商量出去打猎，由于附近山上的猎物很少，不会有大的收获，他们听从东方红林业局打工回来的人说，那里的动物多，就决定到完达山去打些大的值钱的猎物。两个人去又觉得人手少，于是把在白河林业局一起做临时工的朋友宫某梁找来，虽然宫某梁不会使用枪打猎，但是可以给他们当背工、做饭、拾掇猎物。1989年11月12日，张某君、张某忠和宫某梁携带两支虎头牌双筒猎枪和一支气枪，加上

> 完达山森林

> 东北虎

猎刀、斧子、锯、塑料布和食物,从吉林蛟河乘火车,来到东方红林业局。第二天3人乘公交车到东方红林业局101道班下车,偷偷地进入大森林中,准备打猎。凑巧的是,他们刚刚进到山里边,就在雪地上发现了一只东北虎的新鲜足迹。完达山的野生动物非常多,东北虎都这么容易发现,其他动物就更不用说了。他们一边心里想着一边加快脚步顺着东北虎的足迹跟踪。

他们追踪东北虎的足迹一直到天黑,3人在一条小河边安营扎寨,在临时搭起的简陋塑料棚中过夜。11月14日早晨7点钟左右,3个人继续追踪东北虎的脚印。在上午10点左右,张某君听到东北虎的吼叫声,其实东北虎比人的听觉、视觉和嗅觉更灵敏,这时东北虎已经发现有人在跟踪它,并且距离很近了,因而它发出威胁的叫声,目的是吓退跟踪它的人。东北虎也没料到，凶恶的猎手就埋伏在它附近，当东北虎发出叫声之后，张某忠发现前方70米远处的树丛中，东北虎跑动带起地上的积雪翻起一道白烟，他立即向冒白烟处开了一枪。枪响之后，东北虎已经跑掉了，他们上前查看，发现有东北虎趴卧过的痕迹和血迹，断定这只东北虎已经受了伤。这3人明明知道追踪的是非常珍贵的国家重点保护动物东北虎，也知道被打伤的的确是数量极为稀少的东北虎，却依然没有放过它，还顺着血迹继续追踪这只东北虎。大约中午12时，他们已经追赶到青山林场的78林班。张某君走在前面，首先发现前方20~30米远处的东北虎，这时东北虎肯定是知道后面有人追来，想跑，可是已经受了伤，行动不便，或许是受伤东北虎的报复心理，刹那间东北虎转身朝张某君猛扑过来，张某君朝着东北虎连开两枪，这时东北虎已到近前，他被扑倒在地上，被东北虎狠狠地咬住了胳膊。就在这时，赶上来的张某忠对着东北虎连开4枪，子弹射进了这只可怜的东北虎的胸膛，东北虎当场被打死了。

> 东北虎栖息地

张某君的一只胳膊被东北虎咬断了，仅差一点就咬到脖子要了他的命。这时张某忠顾不上猎杀东北虎，哥哥受了重伤流血不止，他赶快给哥哥包扎一下，和宫某梁轮换将哥哥背下山，傍晚时他们在公路上堵截一辆汽车，急忙将哥哥送往东方红林业局职工医院治疗。在他们下山时，曾经有人发现这个受伤的人有些奇怪，问他怎么伤的，张某忠谎称遇到黑熊，被咬伤的。11月15日清晨，张某忠安排宫某梁在医院护理受伤的张某君，自己一个人又悄悄地乘车返回猎杀东北虎的现场。正当他用猎刀将东北虎的腹部剖开，准备剥皮肢解东北虎的时候，林场的营林员赶到了。因为东方红林业局青山林场有人报告说发现几个陌生人从大山里出来，其中一人被动物咬伤，林场马上派人到山上查看究竟。林场营林员孙树国、朱宏军首先沿着雪地上留下的脚印赶到现场，走近一看顿时大吃一惊，哪里是黑熊，原来是1只体型硕大的东北虎。张某忠突然发现有人来到近前，急忙操起猎枪，逼着他们两人给他剥虎皮。孙树国和朱宏军见他手里有枪，只好用缓和的口气问他是怎样遇见东北虎的，企图缓和紧张的气氛，拖延时间。这时张某忠用枪胁迫他们赶快动手，并且说："赶快把东北虎的皮剥下来，我就要这张虎皮，其余的肉都给你们。"他们在现场僵持了很长一段时间。

就在这时，青山林场另外两名营林员苏庆迟和孙富德也赶到了现场，他们两人也带着枪。看见这种场面，立即向张某忠喊话，震慑犯罪分子，"东北虎是国家重点保护的珍稀濒危物种，猎杀东北虎已经触犯了国家法律，你赶快放下猎枪，伏法认罪"。张某忠一看大势已去，自己犯法心虚理亏，便寻机拿起猎枪拼命向大森林里跑去。

| 东北虎脚掌测量数据 | | | | | | 单位：厘米 |
|---|---|---|---|---|---|---|
| 测量部位 | 成年雄虎 | | 成年雌虎 | | 幼虎 | |
| | 前掌 | 后掌 | 前掌 | 后掌 | 前掌 | 后掌 |
| 掌宽 | 14～16 | 11.5～12.5 | 11.5～13 | 9～10.5 | 8～10 | 5.5～7.5 |
| 掌长 | 13～15 | 13～14 | 11.5～12.5 | 12～13 | 6.5～9 | 6.5～8.5 |
| 掌垫宽 | 10.5～13 | 9.5～11 | 8.5～9.5 | 7.5～8.5 | 5.5～10 | 4.5～9 |

# 五 · 沉痛的教训

在东方红林业局青山林场猎杀东北虎现场,犯罪分子张某忠畏罪携带猎枪潜逃。许多人猜测他哥哥受伤在医院,他一定会回来,那时就能抓到他,可是张某忠始终没露面。林业公安局只好对张某君和宫某梁两名罪犯进行审理,给予应有的惩处。被猎杀的东北虎是非常珍贵的野生动物,经过上级部门批准,同意将这只东北虎全部标本保存于黑龙江省野生动物研究所标本室。

事情过去4个多月后,1990年春天,研究所科技人员到东方红林业局准备解剖这只东北虎,并将虎皮、骨骼、内脏器官全部制成标本,永久性保存。我们一到那里就感觉出气氛有些紧张,领导一再告诫任何人不许从东北虎解剖室带走东北虎身上的一点东西,哪怕是一根毛都不行。如此的严肃对待,其实事出有因。

因为在青山林场发生了派出所一些警察滥用职权、监守自盗,使被猎杀的野生东北虎被破坏得尸骨不全的事件,司法部门在处理张某忠兄弟非法猎杀野生东北虎案件的同时,也对青山林场派出所公安干警借看管东北虎尸体之机,私自拔虎须、剪虎尾、摘虎牙的行为进行了严肃处分。

此后,为了保证这只东北虎尸体的安全,东方红林业局将它存放在距离城区较远的看守所里,有警察日夜值班。解剖室在最里面的一个房间,进去必须经过3道上锁的铁门,铁门的钥匙有专人保管,其他任何人没有批准绝对进不去。我们解剖东北虎有6个人,大家在外面换上白大褂工作服。同时进入房间,不允许外人进出,按要求我们对每一块骨头、每一个器官都进行详细登记。将东北虎骨头从头至尾按顺序编号、登记,仔细地逐块测量骨骼和称重、记录。离开时有专人检查,确认没有缺少大家才能走出房间,整整干了3天才完成这次解剖任务。

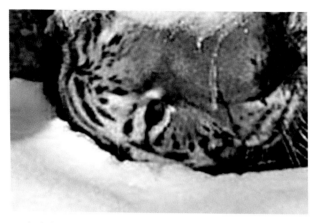

> 辽宁新宾死亡东北虎（照片来自《沈阳今报》，2004年）

　　这是一只成年雄性东北虎，体长将近2米，皮毛非常艳丽、漂亮，体毛金黄色，背部和体侧具有多条横列黑色窄条纹，腹部和四肢内侧为白色，但也有延伸的黑色条纹，形成了与秋冬季黑色树干黄色树叶相似的保护色。通过对东北虎的解剖可以看出，在生理结构上具有大型捕食性兽类的适应性特征。东北虎体型匀称，四肢健壮，前肢灵活，后肢有力，适于奔跑。脚掌宽大，趾和掌均有厚实的肉垫，行走时肉垫着地，能够悄无声息接近猎物。趾端虎爪弯曲，强健锐利，虎行走时，爪收缩，足迹中看不到爪痕。当虎捕食猎物的时候，锐利的虎爪能够凭借虎的力量抓透猎物的皮肉，扑倒制服猎物。虎的头骨大而厚实，近于椭圆形，吻部短宽，脑颅部低而小。牙齿坚固锐利，虎有30颗牙齿，可分为门齿、犬齿、前臼齿和臼齿。犬齿非常粗大，呈圆锥状，齿尖部稍向后弯，后缘刃部很锋利，上裂齿形大而长，有3个小尖，主尖锐利，适于切割食物。头骨两侧咬肌群特别发达，适于撕咬动物，四肢肌肉筋腱发达而善于跳跃。虎的骨骼坚实，结构灵活，具备适于捕食运动的特征。骨骼分为中轴骨和四肢骨两大部分，中轴骨骼包括头骨、脊椎骨、胸骨和肋骨，四肢骨骼包括肩带、腰带、前肢骨和后肢骨。解剖这只成年雄虎，包括较小的籽骨在内总共283块。至于虎的骨骼数量，由于虎的年龄不同，骨块愈合程度不同，或者对籽骨的计数不同，因此解剖报道虎骨的块数存在一定差异。在制作标本时因为没有了虎牙和胡须，必然表现不出虎威猛的姿态，于是我们给它安装上逼真的虎义齿和钢针一样的白胡须。这只摆放在标本室里的经历非凡的野生东北虎，昂首怒目、栩栩如生地站在岩石上，依然不减"百兽之王"的雄风。

# 六·走进张广才岭

　　张广才岭位于黑龙江省东南部，是该省主要山脉之一。"张广才岭"一名源于满语"遮根猜（或译遮根采良）阿林"。"阿林"是山岭之意，"遮根猜"转汉语音"张广才"，意为"吉祥如意"。另一说为"塞齐窝集穆鲁"。"塞齐"有开阔之意，"窝集"即密林，"穆鲁"则为山梁。据清末地理史学家丁谦所著《唐书北狄传考证》载："天门岭为今嵩岭，俗呼张广才岭。"可见古时张广才岭也称天门岭、嵩岭。

　　张广才岭属长白山脉，北起松花江畔，南接长白山，东与完达山相连，西缘延伸到吉林省境内，是牡丹江与蚂蜒河的分水岭。主脊以东绝大部分在海林市境内，主脊以西部分由南而北分别在五常、尚志、方正县境内。该区有山河屯、大海林、苇河、亚布力、海林、柴河、方正等森工林业局。张广才岭山势高峻，地形复杂，既有悬崖绝壁，又有深谷陡坡，为黑龙江省最突出的高山峻岭。由主脊向两侧，逐渐由中山降为低山和丘陵。属于流水侵蚀山地，山体大部分由海西期花岗岩、白岗质花岗岩组成。海拔在1 000米左右的山峰有20多个，主峰老秃顶子为1 686.9米。地处中纬度，气候适宜，雨量充沛，年降水量为520～540毫米。面积2.85万平方千米，有林地面积约2.03万平方千米，林木蓄积量约2.2亿立方米。植物有红松、鱼鳞松、白皮云杉、水曲柳、黄檗、胡桃楸、糠椵、紫椴、白桦、黑桦、蒙古栎、山槐等珍贵木材，人参、黄芪、刺五加、五味子等名贵中药材。栖息的野生动物，兽类主要有东北虎、猞猁、豹、紫貂、黑熊、马鹿、原麝、斑羚、野猪、狍、青鼬（*Martes flavigula*）、赤狐（*Vulpes vulpes*）、黄鼬等，还有东北林蛙（哈士蟆）（*Rana dybowskii*）、花尾榛鸡（飞龙）、细鳞鲑（*Brachymystax lenok*）等珍稀物产。张广才岭自然条件优越，野生动植物资源非常丰富。清朝时期张广才岭被封为皇家的"贡山"，特封"布特哈乌拉贝勒"管理，"布特哈"是满语，清代汉译为"打牲"，汉语直译为渔猎。

> 深山中的地窝棚

设立"布特哈乌拉总管衙门"，在张广才岭广大区域为皇家置办毛皮、野物、山珍等贡品。

对张广才岭林区进行的野生动物资源调查中，在亚布力、海林、柴河、方正林业局的野外调查获得了野生东北虎活动的信息。亚布力林业局区域1994年以前曾经有东北虎活动，1993年冬季在跃进林场有3头牛被东北虎捕食。柴河林业局区域1994年冬天两次发现东北虎，一次是在红光林场以西14千米的一条小河边上发现东北虎足迹，另一次是在临江林场24林班，东北虎捕食一匹马。方正林业局区域1993年在曙光林场发生东北虎伤人事件。以上是张广才岭北部发现东北虎活动痕迹的最后记录，此后再也没有发现东北虎活动的信息。因此，在1999年黑龙江省东北虎和豹国际合作调查报告中，将张广才岭北部和完达山西部一样视为已经没有东北虎活动的区域。

为了寻找被东北虎咬伤的当事人，我们专门到方正林业局曙光林场做访问调查。我们费尽周折找到了被虎咬伤的鲁统祥，一位寡言少语的林业工人。1993年3月中旬，他一个人在离林场大约6千米的南沟山上种木耳段，下午4点多钟往回走，没走多远，就听见身后有风声，还没来得及回头，东北虎就扑上来了，爪子打在他的肩膀上。他只感觉力量很大，被东北虎扑倒在地上后吓得什么也不知道了，等他醒来以后，扑咬他的动物也不见了，他知道肩膀和胳膊受了重伤，急忙往回跑。当我们问他一些细节时，他却回答不出来。他没有看清楚究竟是什么动物，这个动物也没有留下足迹或毛等证据，根据他提供的情况分析，也许是东北虎，但并不排除其他动物的可能性。

1989年冬季，我们承担了方正林业局野生动物资源调查任务，由我负责带队，加上张冠相、张子龙和王鹏，林业局再从森调队抽4个人和我们一起调查。方正林业局北抵松花江，东靠牡丹江，西邻方正县，南部与柴河林业局交界，面积3 000平方千米。主要植被类型是针阔混交林，其次是次生林，少量红松、云冷杉针叶林。每到一个林场，2个人一组做调查样线。调查到林业局南片宝马庄林场时，有一天，我和张子龙一起上山，一切都和往常一样，按照地图标出的路线，翻山越岭，在森林中识别、记录发现的动物足迹和其他活动痕迹。当我们来到深山区一条沟顶上，在山坳处发现一个小窝棚，从雪地上的脚印知道是有人在这里住。门口放了一堆劈好的柴，还有一张野猪皮，上面覆盖了一层雪，门口右侧立着两支崭新的鹰牌立式双筒猎枪，旁边放着两个子弹带，里面装着一排铜壳用蜡封口的猎枪子弹。我们在门口向窝棚大声喊："里面有没有人？赶快出来！"连喊几声，一点动静也没有，于是我们开门进去，靠近门口是一只冻硬的狍，里面有一个土炕放着简单行李和棉大衣，旁边有锅，窝棚一侧挂着一只山兔和一片野猪肋骨。枪放在这，人一定没走远。过了一会还不见人来，我和张子龙决定把猎枪、子弹和狍一起带走，不能让这些人在大山里面违法盗猎。刚走出不到1 000米，就听见后面跑下来两个人，边跑边喊："干什么拿走我的枪，你们是什么人？"跑到跟前不容分说就往回抢猎枪。我们一看来人凶狠，怕出麻烦，心想枪在我们手中，必须镇住他们，不能让他们嚣张，于是一边告诉他们，我们是省里下来调查和检查违法偷猎的，一边拿证件给他们看。这两个人看了证件之后全傻了眼，一再认错赔不是。我们带着人一起到山下一个住户家里，给他们讲国家《野生动物保护法》已经颁布实施，乱捕滥猎野生动物是违法行为，如果触犯国家法律，就必须承担相应的刑事责任，后果非常严重。听完他们才知道有法律保护野生动物，两个人痛哭流涕，保证以后不再私自猎捕野生动物。最后我们把枪和猎物都交给林场，让他们到林场去接受处理。

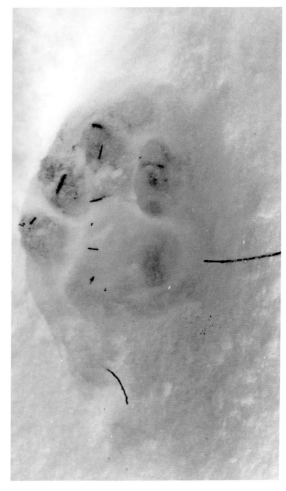

> 东北虎足迹（张冠相摄）

　　没过两天，我们正在其他林场调查时，突然接到林业局资源科电话，告诉我们红旗林场发现东北虎的足迹。第二天一早，我们立即赶往现场。发现足迹地点在伐区作业点附近，林场23、24、27、28林班。尽管清晨有一点点雪，足迹还是非常清晰，是一只成年东北虎一天前走过留下的新鲜足迹链，呈正常步态。我们逐一对足迹、掌垫、步距等进行测量，并对生境做观察记录。

　　在20世纪90年代初，通过对张广才岭北部调查证实有东北虎生存，只是仅发现极少数单独个体游荡于林区不同角落，从未发现东北虎幼虎和亚成体，或者是家族式群体。可以推测张广才岭北部东北虎种群已经处于衰退且濒临绝迹的危险。20多年过去了，该林区东北虎活动的踪影早已消逝，我们能够从中得到一些经验教训和启示吗？

# 七 · 林海雪原觅虎踪

　　每当说到林海雪原，人们都会不由自主地联想起曲波笔下的侦查英雄杨子荣。英雄杨子荣烈士的陵园就坐落在海林市东山上苍松翠柏之间，陵园内立有纪念碑和杨子荣、马路天、高波等烈士墓。陵园内的杨子荣烈士纪念馆陈列着烈士的遗物，展示着英雄的生平和与敌人英勇战斗的光荣战绩。

　　我们在张广才岭调查野生动物资源，寻找东北虎活动踪迹的地方，正是当年杨子荣曾经战斗过的林区。"座山雕"的老巢威虎山，早已成了一片废墟，看不到地堡暗道的痕迹。在小说和戏剧中杨子荣打入匪窟内部前乔

> 　森林小火车

扮的胡彪曾经有上山打虎的经历，虽然无法考究是否真的打死过虎，但是张广才岭是东北虎的主要分布区却毫无疑问，根据调查结果，直到20世纪90年代初这里仍然有东北虎活动。

如今森林小火车早已消失，回想森工林区动物资源调查期间，小火车还是重要的交通工具。在牡丹江和松花江地区，大多数森工林业局都有森林铁路，小火车与普通火车一模一样，只不过个头上差了一截，蒸汽机车头和加挂的车厢仅有火车的一半大小。小火车当时主要用于从森林中向外运送木材，但是也像国家铁路一样有客运列车。因为当时没有公路，林区人出行主要乘坐小火车，由于路基差、弯道多、坡度大等缘故，小火车的行驶速度非常缓慢，50千米的路程，一般都要"哐噔、哐噔"地走走停停花费3~4个小时。

柴河林业局的森林铁路主干线沿着牡丹江由南至北蜿蜒曲折，从柴河出发中间经过二道河子和双桥子两个大的换乘站和几十个小站。车窗外隆冬季节的牡丹江已完全封冻，洁白的江面盘桓在群山之间。在较远的村落处偶尔有人踏冰过江，一眼看去好像只是几个黑点在蠕动。如果春夏季节来这里乘坐小火车，则会是另一番景象，一面是苍翠的群山，一面是碧波荡漾的江水，摆渡口的小船和江心汽艇隐隐约约，两岸灌丛树木衬托着不时从水面上飞起成双成对的野鸭，还有江心的苍鹭岛，成群结队的苍鹭在高大的杨树和柳树上营巢，繁衍后代。

我们在晨光、大青和临江进行了野外调查，野外调查样线上没有发现东北虎的踪迹，但是通过访问，林场的陈技术员告诉我们他曾经偶然碰到过一只虎。那是1990年12月中旬，他在采伐山场上和套子户赶着马往山上走时，突然发现前面的马停下来用前蹄扒着地，发出嘶鸣声，然后转头往回跑。陈技术员和套子户断定是遇上了猛兽，他们往远处一看，果然有一只虎站在林子里，他们吓得不知所措，只能慢慢地往后退。可是这只虎并没有追过来，只见它大摇大摆地向另一个方向走了。第二天他们在这里找到了虎留下的大脚印。

方正林业局与柴河林业局相邻，属张广才岭北部林区，森林面积约6 000平方千米。山势陡峻，森林茂密，地形复杂，植被是以红松为主的针

> 东北松鼠

阔混交林、云冷杉林和阔叶混交林，适于马鹿、野猪和狍等有蹄类动物栖息，并且人口稀少，历史上曾经是东北虎的主要分布区。

在方正林业局进行野生动物资源调查期间，正值东北的数九寒天，8个人组成的调查队顶风冒雪跋涉在崇山峻岭之间，野外调查连续进行了一个半月，辗转于林业局南北10多个林场，大家都疲惫不堪。林业局来的一位同志又患了重感冒，不得不下山治疗。马上就要过新年了，可是我们的调查任务还没完成，于是决定调查结束再回去。在林区过新年，有些同志难免心里不高兴，好在大家还能理解，仍然照常调查。因为新年不能回家，研究所张副所长亲自到林场来看望我们，这让大家很感动。元旦这一天原计划放假休息，可是前一天晚上突然有人报告，在红旗林场发现了疑似东北虎的足迹，这个消息让全体调查队队员又振奋了精神。的确，东北虎的数量已经非常稀少，别说亲眼见到东北虎，即使想在野外发现东北虎活动痕迹也已经太难了，大家都想去看一看东北虎的足迹，想知道究竟东北虎

野外调查

经常在什么样的林子里活动。我们决定取消元旦休假，早晨天还没亮就向南片的深山老林赶去。

发现东北虎足迹的是林场采伐点的工人，由他带路作为向导。沿着弯弯曲曲的山路，踏着积雪，翻山越岭，大概走了3个多小时，来到发现东北虎足迹的地点。林中雪地上一条清晰的足迹链向远处延伸，清清楚楚的4个趾印和宽大的掌垫形成梅花状的大脚印。大家一致认定是东北虎足迹，于是有的测量足迹大小，有的记录，有的拍摄照片。单足迹长19厘米，宽20厘米，掌垫宽10厘米，步距59~75厘米。发现足迹的红旗林场距离柴河林业局仅有4千米，足迹是从柴河局方向过来，穿过27和28林班交界处，向西南海拔较高的大石砬子方向走去。经过对足迹跟踪观察，在东北虎经过的树干上找到了几根虎毛，距离地面高度79厘米，据此推测这只虎身高不低于80厘米，估计可能为成年雄虎。虎在森林中大多是单独行动，活动范围很大，一昼夜活动距离可达到50千米，甚至更远。这只东北虎行走时呈正常步态，显得很悠闲，并不像在追赶猎物时的快速奔跑，只是在跃上新修的运材路时跳跃距离达到3米多。又沿着还没有启用的路面行走了大约500米，然后下公路进入23与24林班茂密的云冷杉林。根据雪地上足迹的新鲜程度，推测这只东北虎是在1989年12月30日23点至31日凌晨2点期间路过这里。东北虎是兽中之王，在森林中几乎没有能够伤害到它的动物，它总是独来独往。猫科动物的习性和捕食猎物的需要，造就了它昼伏夜出的习惯，但在冬季食物缺乏或者捕食困难时，偶尔白天也会出来寻找猎物。东北虎在森林中经常跟踪有蹄类足迹，伺机捕捉猎物。东北虎行走路线一般尽量避开陡坡和浓密的灌丛，利用林间小道，偶尔也在林区的运材道上行走。

在方正林业局野外调查期间，不仅到现场核实勘察了东北虎足迹，证实张广才岭北部林区仍然有东北虎栖息活动，在访问调查中也获得了4个有关东北虎的重要信息。1988年冬季，在五道林场有人发现过东北虎的足迹；1988年12月，在西南岔林场曾经连续2次发现过东北虎的足迹；1990年2月，星火林场的林业工人在森林中遇见过1只虎。

黑龙江省森工林区野生动物资源调查全面展开后，各林业局在野生动物专业技术人员指导下，在茫茫的林海雪原中布设调查样线，调查队队员在冰雪覆盖的大森林里搜寻记录野生动物的足迹和其他信息。除了马鹿、野猪、狍、黑熊、青鼬、赤狐、松鼠、黄鼬等数量丰富的种类之外，东北虎、金钱豹、梅花鹿、原麝、斑羚、紫貂等种群数量已经相当稀少，只能根据调查发现的活动信息直接对分布区和种群数量进行评估。

通过对所有林业局发现东北虎的信息进行综合分析后，黑龙江省森工总局野生动植物保护管理办公室吴宪忠总工程师等对黑龙江省全省分布的野生东北虎确定为10~14只。其中张广才岭2只，老爷岭2~4只，完达山6~8只。调查结果认为，从1975年到1991年期间，东北虎的分布区从过去的全区域性分布退缩为"岛屿状"分布，种群数量从76只锐减为12只左右，种群下降率为84.2%，年均递减率为11.6%。尽管调查中有10多个林业局记录到发现东北虎的活动，然而东北虎的数量多年来一直在以惊人的速度下降，不仅仅是分布区逐渐退缩和"岛屿"化，而且在张广才岭也仅有2只四处游荡的单独个体，调查结果已经敲响了必须加强保护东北虎的警钟。

# 第四章

# 踏查在邻国之间

　　中俄边境，山水毗邻，绵延千里，是东北虎经常出没之地。俄罗斯自从 20 世纪 40 年代末开始实施对虎的保护，种群数量一直呈现增长趋势。有史以来，中俄之间的野生虎不仅属同一亚种，并且沿国境线相互往来迁移，其种群变动如唇齿相依。因此，加强国际间的合作与交流，借鉴俄罗斯野生虎保护研究的成功经验，对我国恢复野生虎种群和建立跨国保护区域很有必要。

# 一·寻求跨国合作

　　过去，人们把黑龙江称为"北大荒"，由于人烟稀少，森林茂密，四季分明，自然条件优越，野生动物非常多，被形容为"棒打狍瓢舀鱼，野鸡飞到饭锅里"。可是，到了20世纪末，这里的自然环境发生了很大变化，不仅人口逐渐增多，道路密度增加，山沟里也开垦了一些农田，大山里的树木也变得稀疏了。过去雉鸡（*Phasianus colchicus*）、野鸭随处可见，狍、野猪在林子里成群结队，还经常能够看到体型庞大的马鹿在林缘草地上采食。由于环境的变化和少数人偷猎，山上的动物少了，有蹄类动物也越来越少，只依赖捕食猎物生存的东北虎自然也就难得一见。如果它的生存环境继续恶化，绝迹将难以避免。

　　世界各地分布的虎被公认的有8个亚种，其中已有3个亚种相继在地球上绝迹。中国东北地区曾经是东北虎的集中分布区，近几十年来种群数量大幅度下降，分布区也在不断退缩，引起了人们的格外关注。掌握我国东北虎现状，调查导致濒危的主要原因，制订有效的保护管理对策，是挽救野生东北虎种群的当务之急。黑龙江省野生动物研究所，也是国家林业局（原林业部）东北濒危动物研究所，那时的所长路秉信研究员极力主张开展东北虎的研究，不仅自己收集资料撰写呼吁保护东北虎的文章，而且与哈尔滨动物园、黑龙江省家畜繁育指导站联系，开展东北虎人工授精试验，并探讨建立繁殖基地、人工饲养东北虎野化训练及放归途径。由于我以前从事野生动物人工驯养繁殖技术研究，因此路所长推荐我负责东北虎项目。曾经与哈尔滨动物园合作开展的东北虎人工电刺激采精，已取得了成功，但由于当时受试验动物限制，人工授精没有进行下去。1992年路秉信所长应邀出席了在俄罗斯召开的"世界老虎保护国际研讨会"，并在这次会议上与美国的豪诺克野生动物研究所和俄罗斯科学院远东分院太平洋地理研究所签订了合作协议，拟合作开展乌苏里江流域东北虎和豹的研究。这期间也争取到了原林业部对《乌苏里江流域东北虎和豹调查研究》专项资助。

俄罗斯远东地区在20世纪40年代东北虎的数量曾一度下降到30~40只，1947年开始禁

> 中、美、俄专家商讨保护东北虎合作研究

止猎虎，1952年颁布保护东北虎的法令以后，加强了对东北虎的保护和科学研究，东北虎的数量几十年来一直呈现种群增长的趋势，据1996年调查结果，俄罗斯东北虎数量达到415~476只。俄罗斯有多年从事东北虎保护研究的专家，野外作业经验丰富，有许多研究成果。开展中俄两国之间的合作，可以学习借鉴俄罗斯东北虎保护研究方法，特别是两国共同致力于保护中俄边境之间的东北虎和豹的种群，这对中国野生东北虎种群恢复非常重要。从1993年开始，我们一边进行东北虎和豹的调查，一边联系与俄罗斯和美国的合作。这期间俄罗斯专家到中国来，我们也到俄罗斯去，除了合作洽谈和交流之外，还一起去野外进行东北虎和远东豹考察，虽然落实合作调查一波三折，但是中俄互访以及共同进行野外考查却从未间断，加强技术交流和了解两国之间东北虎及栖息地现状，为促成后来的东北虎国际合作调查起到了积极的推动作用。

乌苏里江流域东北虎和豹调查项目，不仅是东北虎和豹的预查，也为进一步开展中俄合作做准备。项目由我负责，并且和高志远、于孝臣、关国生组成了调查组，开始收集东北虎相关资料，确定调查区域，制订调查方案。根据黑龙江省森工林区野生动物资源调查所提供的东北虎分布范围，我们将完达山东部、老爷岭和张广才岭作为重点调查区。

东北虎是大型捕食动物，虽然数量稀少，但是由于活动范围大，分布广，当时在黑龙江省分布区大约70 000平方千米。我们觉得，按照常规做

> 采伐作业储木场

样线调查，寻找东北虎，好像是大海捞针，盲目翻山越岭，能够发现可靠活动痕迹的概率非常小。为了避免浪费调查时间和人力、财力，我们决定首先深入林区进行访问调查，长期生活在林区的林业工人、护林员、老猎人、采药人、林区自然村屯农民和边防部队战士，他们了解当地野生动物和东北虎情况，能够给我们提供寻找东北虎和豹的有价值的线索。然后根据可靠线索寻找东北虎的足迹和其他活动痕迹，从中分析研究不同区域东北虎的分布范围、评估数量和栖息地现状。

据历史文献记载，早在100多年前，野生东北虎在东北林区是"诸山皆有之"，可谓分布广、数量多。自20世纪初期开始，随着中东铁路的修建，沙俄和抗日战争时期日本侵略者对东北森林长期掠夺性开采，绝大多数原始森林基本消耗殆尽，森林面积不断缩减，森林覆盖率从早期的70%以上下降至35%。东北虎等大型捕食性兽类也伴随着森林的变化和有蹄类猎物的匮乏而减少，早期的过度捕杀也是东北虎数量下降的原因之一。中华人民共和国成立后，由于工农业生产的快速发展，人口逐渐增长，森林资

> 俄罗斯专家在完达山野外考察

> 中俄专家在老爷岭野外考察

## 东北虎的食性

东北虎为食肉目大型猫科动物，在森林生态系统中处于食物链金字塔的最顶端，被誉为"兽中之王"。东北虎以猎捕野猪、马鹿、狍、梅花鹿、原麝等大中型有蹄类动物为主要食物。在食物缺乏时偶尔捕食野兔和雉类、熊类等幼仔作为补充食物。

在俄罗斯，经研究记录了720个被东北虎捕食的猎物残骸，其中野猪占55%，马鹿占37%，狍占7%。从中可以看出野猪是东北虎捕食的主要猎物，其次是马鹿，狍所占比例较小。

源的枯竭，可捕食猎物的贫缺，对东北虎生存构成严重威胁。调查证明，在20世纪70年代，大兴安岭林区东北虎已经绝迹，20世纪90年代初的调查也显示，小兴安岭林区分布的东北虎从野外消失，仅有为数不多的东北虎分布于东南部山地林区。

1993年我们到哈巴罗夫斯克和滨海边区俄罗斯东北虎栖息地进行考察，并且对开展合作进行了磋商，因为当时俄罗斯专家也需要寻找经费，协议没有落实。1995年我们邀请俄罗斯专家来中国考察，进一步商谈合作事宜。1996年我国黑龙江和吉林两省的专家代表又去俄罗斯商谈合作进展，也到中俄边境保护区和狩猎场进行野外考察。这一次在俄罗斯老虎研究专家皮库诺夫家里见到了一位美国人，他就是著名的东北虎和豹保护研究专家、国际野生生物保护学会（WCS）俄罗斯远东老虎保护项目主任戴尔·麦奎尔。他对中俄合作开展东北虎和豹的保护研究非常热衷，并且愿意为在中国黑龙江和吉林省进行的国际合作提供支持和寻找经费。

1993年至1996年期间，我们先后对完达山东部、张广才岭南部和老爷岭进行了初步调查，通过野外调查收集了大量基础资料，也获得了东北虎和豹的最新信息，基本掌握了黑龙江省林区野生东北虎的分布状况，为进一步深入研究和开展国际合作创造了有利条件。

# 二·密林虎踪

我们在进行乌苏里江流域东北虎和豹调查期间，既参加俄罗斯对东北虎的野外调查，也邀请俄罗斯东北虎和远东豹的知名专家到中国一起进行野外考察。

1995年7月，俄罗斯科学院远东分院太平洋地理研究所的东北虎研究专家皮库诺夫、伊戈尔和维克多，专程从符拉迪沃斯托克赶来，他们是第一次到中国来参加东北虎的野外考察活动。我和高志远、关国生3人全程陪同进行野外考察，主要去老爷岭和完达山实地考察东北虎栖息地自然条件及其当地社会经济状况，也是为了增进中俄之间对东北虎生存现状的了解，共同开展边境林区东北虎和远东豹的保护与管理。

1995年7月26日，中外专家来到地处老爷岭腹地的黑龙江省森工林区绥阳林业局。林业局资源科李春山科长、孙书平副科长已经做好了去野外考察的准备工作。李科长当时虽然年逾五十，却精神矍铄，举止言谈之间，给人一种东北人特有的热情豪放的亲切感，因为他在林业局森林调查队工作了几十年，可以说跑遍了这里的山山岭岭，熟悉这里的一草一木。他简单介绍了林业局情况之后，谈起这里分布的东北虎和远东豹，说："这里在60年代至70年代分布有15～20只东北虎，现在估计有5～6只虎，豹也有，可能比虎多。明天我们就去大山里边，看看什么地方有东北虎、远东豹经常活动。"

午后我们乘车出发，老式北京吉普车在泥土路上颠簸，扬起阵阵尘土，傍晚时分我们来到了老爷岭南部的暖泉河林场。

暖泉河林场位于绥阳林业局南端，东部与俄罗斯远东滨海边区交界，南部与吉林省珲春东北虎自然保护区相邻。森林植被类型属针阔混交林和阔叶林，以云冷杉针阔混交林为主，局部有少量红松阔叶林。海拔在600～900米。主要乔木树种有枫桦、冷杉、鱼鳞云杉、落叶松、红松、蒙

> 李春山

古柞、白桦、紫椴、青杨、色木槭等，亚乔木及灌木主要有花楷槭、青楷槭、暴马丁香、裂叶榆、接骨木、胡榛子、刺五加、东北茶藨子等，草本植物主要有毛缘苔草、羊胡子苔草、三叶唐松草、双叶舞鹤草、酢浆草、粗茎鳞毛蕨等。沟谷及河流两岸分布有毛赤杨、红毛柳、油桦、柳叶绣线菊等，河谷柳丛、草甸和水湿草地植被都为野生动物提供了良好的栖息生境。

　　7月27日一清早，我们就做好了上山的准备，李春山科长对着林相图给我们介绍了考察的路线，带上午间在山上吃的干粮，我们就出发了。林场就在大森林之中，走出场区很快便进入森林。清晨雾气刚刚散去，林间的杂草和低矮的灌木枝叶上挂满了露珠，没走多远，鞋子和裤脚已经被露水弄湿。李春山科长走在队伍的前面，手里拿着一把2尺（1尺≈0.33米）多长的砍刀，不停地拨开一人多高的蒿草，砍掉横在前面的树枝，给我们领路，不知不觉间我们已经翻过了两道山梁。

　　我们和俄罗斯专家一边走一边观察记录这里的生境，寻找野生动物活动留下的痕迹。东北的7月、8月是一年当中最热的季节，强烈的阳光直射下来，林子里的潮气向上蒸发，湿气夹杂着林下杂草散发出的草木泥土气息扑鼻而来，由于林内植物茂密没有一丝风，让人感到格外闷热。

　　上山坡的时候大家已经累得浑身是汗，岁数大的人气喘吁吁，想脱掉外衣，又怕被树枝和荆棘刮伤。在半山腰平缓处的针阔林内，我们连续发现了几堆狍的粪便，因为看不清足迹，只能模糊地辨别在地面落叶上动物行走时留下的迹象，估计是数量在2~3只的家族群。在前方不远处有一棵胸径约40厘米的红松，走在我们前面的皮库诺夫在树前停了下来，看了看四周的环境，然后又仔细地检查树下地面和树干。我立刻意识到他一定是在寻找东北虎的活动痕迹，这里也许是东北虎跟踪猎物的通道或者经常活动的地带，因为大型猫科动物有在大树下面排尿标记领地的习性，有时将身体与树干摩擦，或者站起来将两个前爪搭在树干上，用前爪抓掉树皮。他观察了一会儿后转身走了，可能是没有发现东北虎在这里活动留下的气味、毛和爪痕等任何迹象。我们继续按照预先计划的路线穿

> 　伊戈尔（左）和皮库诺夫（右）

> 孙海义（左）和皮库诺夫（右）

越山林，为了不耽误时间，大家加快了脚步，森林里不时地传来布谷鸟的叫声和啄木鸟叩击树干发出的"笃、笃、笃"的声音。

接近中午，我们来到瑚布图河岸边。山间的河水，由南向北川流不息，流水击打石头，发出"哗哗"的声响，随之溅起阵阵浪花。大山里的河水清澈透明，也许是一路考察感到饥渴的缘故，大家不约而同地立刻蹲在河边喝起河水来。河岸边有片沙滩，我们就坐在沙滩的石头上吃着带来的午饭。不知什么时候俄罗斯人跳进河里开始游泳，然后其他人也跟着下了水，河水并不深，最深处也就刚到胸口。虽然是盛夏季节，大森林里的河水仍然冰凉刺骨，有的人刚下去就不得不上来晒太阳。我们顺便在河边的大石头上又采集了一些苔藓植物做标本，装到小瓶里准备带回去。

经过午间短暂休息之后，大家似乎精神了许多，于是我们继续爬山。下午的路程基本与上午差不多远，却不是来时的路，我们要向下走大约2千米，再顺着一条山沟向上去，翻过几个山梁奔林场的方向。大约走了1个多小时，在山脚下柞桦林内发现了马鹿的粪便，一堆、两堆、三堆……连续找到六堆。我和高志远仔细观察马鹿的粪便和周围的植物，分析马鹿的活动。高志远是1952年建校的东北林学院野生动物专业首届毕业生，在平山狩猎场养鹿场当了17年技术员，对梅花鹿和马鹿的生活习性、饲养繁殖有丰富的经验，是养鹿专家。他辨认出这是马鹿采食地，柞桦林以及林下灌木杂草有马鹿喜食的大宗食物，在采食地停留的时间较长，一般来说，在鹿科动物采食和卧息的生境内经常可发现它们排出的粪便。夏季马鹿在清晨和黄昏到山脚下食物丰盛的地方采食，吃饱之后天气热了起来，它们要返回海拔较高的山顶或山梁上，在阴凉通风并且视野开阔的地方反刍卧息。俄罗斯近年来调查研究表明，马鹿是东北虎的主要捕食猎物之一，其种群密度大小与东北虎的分布和活动有密切关系。

我们这次野外考察一共8个人，暖泉河王场长和资源科丁森都很年轻，走山路显得格外轻松，总是在最前面。高志远年龄最大，已经五十多岁，身体又很单薄，跟着队伍比较吃力，我陪着他一直靠后。后来我才听俄罗斯专家讲，如果在森林中行走的一伙人遇到虎或豹这样的猛兽，被攻击的一定是队伍最后面的，因为虎捕食总是首先选择容易捕获的弱者，听到这些还真有些后怕。当我们快到第一个山梁顶部的时候，远处看去前边的人都弯着腰好像是在地上寻找什么，来到近前一看，在泥地上清清楚

> 夏季森林植被

> 发现虎足迹 　　　　　　　　　> 泥地干涸的虎足迹

楚地印着一串梅花状的圆形大脚印。这是一条以前从山上向下拖运木材形成的临时小道，有的地方草皮被翻掉，露出了泥土，在雨季地面低洼处积水，潮湿泥泞，动物走过去就会留下清晰的足迹。皮库诺夫和伊戈尔连连说"A tiger! Tiger footprints!"是东北虎脚印！大家异常兴奋，真是太巧了，夏季在森林里能够发现东北虎的足迹，简直令人难以置信。王场长指着林相图说，这是30林班和31林班交界处，这里在一周之前下过雨。足迹显然是上一场大雨之后泥土完全被雨水浸泡变得泥泞时，东北虎经过留下的。现在泥土已经干涸变硬，足迹的掌垫和趾印非常清楚，越是泥土多、易积水的低洼处，足迹越清晰，有的踩在草地或硬地上，足迹则不清晰，但其中也有8个脚印特别清晰。于是我们开始测量足迹数据、步幅大小，记录地理坐标、海拔高度、周围植被及其他生境因子。足迹长宽为16.4厘米×17.0厘米，前足掌垫宽度11.6厘米，单侧步幅距离82厘米，这是一只体型很大的东北虎，专家们据此推测是一只成年雄性虎。后来，我们还拍摄了许多张足迹照片，当时我给李春山科长在东北虎足迹前拍摄的照片，也作为珍贵资料被保存下来。

傍晚，我们顺利返回暖泉河林场。晚饭后大家又聚到一起，忘记了一天野外考察的疲劳，兴致勃勃地讨论起如何更好地保护这里的东北虎的话题。暖泉河周围山区有东北虎栖息活动已是毫无疑问，大家一致认为老爷岭南部是中国东北虎最重要的分布区之一，这里的森林植被状况较好，针阔混交林和阔叶林适合野生动物

## 东北虎的家域

俗话说"一山不容二虎"，这表明虎不喜欢群居并且各自占据一定家域。虎的家域面积大小与该区域可捕食猎物种群密度高低直接相关，虎会用自己的粪便和尿作为家域范围的标记。据研究，分布于印度的孟加拉虎雌虎的家域仅有 20 ～ 40 平方千米。在俄罗斯和中国东北猎物密度较低，东北虎的家域相对较大。据俄罗斯收集的信息，成年雌虎的活动范围大约为 488 平方千米，但是相邻雌虎家域之间有部分重叠；成年雄虎的家域很大，通常包括 1 ～ 2 只或更多雌虎的家域，一般在 1 000 平方千米，不同性别老虎个体甚至可以在它们家域的核心区和平共处。东北虎在家域范围内经常按照固定的活动路线反复游走活动，捕获猎物，在繁殖期与配偶接触，构成虎单配偶或一雄多雌组合的种群模式。

栖息活动，尤其适于有蹄类动物生存，森林面积也很大，人口又不多，人类活动的干扰也比较小，这样的生境能够满足东北虎的生存条件。但是，必须要控制对森林的采伐，调整合理的采伐方式，特别是为有蹄类动物提供食物来源的结实树种，如红松、蒙古栎等应限制采伐。维克多还问林场有多少户职工家庭？多少人口？每年木材采伐量有多大？把这里的森林全部保护起来，养活林场的人每年需要多少钱？他建议如果能把这里的人全部搬迁出去，对东北虎的保护会更有利。

我国野外东北虎的种群数量确实很少，如何尽快采取更有效的措施保护栖息地，使它们能够更好地生存和繁衍下去，使种群得以逐渐增长，不断扩大分布区是当务之急。但是，保护东北虎栖息地现在还面临着许多矛盾和实际问题，保护东北虎任重而道远。

# 三·偏向虎山行

俄罗斯东北虎研究专家皮库诺夫、伊戈尔和维克多与我们一起在完达山、老爷岭进行野外踏查，凡是发现有价值的东北虎活动痕迹和重要线索就立即去现场调查核实。

1995年夏天，我们在东方红林业局奇源林场进行调查，林场张场长高兴地告诉我们："在我们林场范围内，一直有东北虎活动，去年冬季在山上干活的工人看见过好几次东北虎的脚印，去年春节前，我还在场子后边不远的山上看见一只东北虎刚走过时留下的新鲜足迹。"我随即问他："您看到的足迹能断定是东北虎的吗？"他说："那还能错！我们这凡是常上山的，都认识动物的脚印，东北虎的脚印是梅花状的圆形大爪子印，别的动物脚印和东北虎的绝对不一样。"张场长大约五十来岁，个子不高，说起话来却铿锵有力。从跟他的谈话中我感觉到他是林区熟悉和了解野生动物的人，说不定以前也是狩猎爱好者。因此，我对这位场长有了一些信任。后来他又告诉我们，这个季节很难发现东北虎的脚印，可是一个多月以前，在76林班的大石头砬子上看见过东北虎的粪便。于是我们决定第二天去森林中寻找东北虎活动的痕迹。

因为在森林中要走的路很远，还要翻过好几个山梁，年龄大的人恐怕吃不消，最后决定我和关国生、俄罗斯的3位专家、东方红林业局的于立国和张场长一起上山。正是7月份闷热的天气，早晨艳阳高照，没有一丝风，汽车送我们到山下一条小河边，前面没有路了，张场长带路，我们一个跟着一个穿行在茂密的森林里。东北的三伏天，天气说变就变，天空突然布满了乌云，黑沉沉的。脚下趟着一人来高的各种蒿草，惊动了草叶上面密密麻麻的蚊子扑面而来，任凭你两只手不停地前后轰赶，仍然能够听到它们在耳边不断地嗡嗡作响，手稍微停下来，蚊子就乘虚而入，狠狠地叮一口，皮肤立刻起来一片小疙瘩，不多功夫暴露在外面的脸、脖子和两手就被蚊子

> 考察曾经发现东北虎的生境

咬了很多包，皮肤通红一片，非常刺痒。大约10点钟，突然下起了大雨，大滴的雨点落在树叶上，发出"噼噼啪啪"的响声。我们的衣服虽然已被汗水浸湿，但并未完全湿透，雨水这么一浇，浑身上下彻底淋湿了，衣服紧紧地贴在身上，鞋子里面灌满了水，脚下不住地打滑，登山十分吃力。雨越下越大，林子里找不到躲雨的地方，反正也是湿透了，我们冒着雨继续向山上攀登。山上部坡度越来越大，脚下的碎石屑一蹬就滚落下来，只好用手抓住身边的小树，一点一点地慢慢向上移动。不知不觉雨停了，太阳从云层中钻了出来，照在身上暖烘烘、潮乎乎的，已是中午12点多，我们终于到达山顶。大家很兴奋，顾不上一路辛苦和劳累，马上开始寻找东北虎的粪便。石砬子大约100多平方米，高约20多米，孤零零地矗立在山巅之上，巨大的石壁上布满青苔和风雨侵蚀盘剥的痕迹，高低错落的石块周围生长着红松和蒙古栎等树木，如果有一只斑斓猛虎站立在巨石上，简直就是一幅画家笔下活生生的《深山虎啸》图。张场长带我们到他发现东北虎粪便的岩石上，可惜的是他说的东北虎粪便却没了踪影。老张也很懊恼，并且一再

> 与俄罗斯专家在山顶上合影

> 高耸入云的红松

虎（*Panthera tigris*）分布有如下几种：

里海虎（*Panthera tigris virgata*）也称波斯虎，分布于伊朗、伊拉克、阿富汗、土耳其、蒙古及俄罗斯境内，分布于中国的新疆虎为里海虎的分支，是分布于最西部的虎亚种。20世纪70年代里海虎灭绝。

爪哇虎（*Panthera tigris sondaica*）分布于印度尼西亚爪哇岛南部山地丛林。20世纪80年代灭绝。

巴厘虎（*Panthera tigris balica*）主要分布在印度尼西亚巴厘岛北部的热带雨林，是分布于最南缘的虎亚种，体型最小。20世纪30年代灭绝。

华北虎（*Panthera tigris coreensis*）为最古老的地理种群，中国特有亚种。分布区西由河西走廊，东至燕山山脉，南至淮河流域，北迄陕西榆林。约20世纪中叶绝迹。

华南虎（*Panthera tigris amoyensis*）分布于中国中部和南部山地林区。

东北虎（*Panthera tigris altaica*）也称西伯利亚虎、阿穆尔虎，分布于中国东北、俄罗斯远东和朝鲜北部山地林区，是分布于最北端的虎亚种，体型最大。

苏门答腊虎（*Panthera tigris sumatrae*）主要分布于苏门答腊群岛范围内的热带雨林。

印度支那虎（*Panthera tigris corbetti*）主要分布于泰国、中国、柬埔寨、老挝、缅甸、越南，马来西亚半岛也有分布。

孟加拉虎（*Panthera tigris tigris*）主要分布于印度、孟加拉国、中国、尼泊尔、不丹。

地说确实看见过岩石上的粪便，还含有野猪的毛。我们和俄罗斯专家共同分析认为，老张发现的虎粪便可能是真的，但由于时间较长，经过日晒和风吹雨淋也许被分解掉了，或者被暴雨冲刷干净，找不到任何痕迹，也属正常的事情。我们在石砬子周围转了一圈企图寻找东北虎活动的痕迹，可依然没有发现任何线索。

下山返回总比上山要省些力气，因为东北的山区海拔并不高，除了阳坡和山顶较为陡峭外，其他多是缓坡，因此我们的速度快多了。由于人多一起行走，裤脚趟开杂草，手要拨拉前面的树枝，不断地发出"哗啦哗啦"的响声。下午4点多我们回到了上山时的小河边，不知是谁喊了一声："有草爬子！"这时大家才意识到衣服里面有东西蠕动和被叮咬的感觉。大家赶紧扔掉手里挂着的木棍，检查自己身上是否叮上了令人厌恶的草爬子。草爬子即森林硬蜱，是一种节肢动物，身体呈圆形，革质，头部和胸部结合在一起。当人经过森林时它就会从树枝叶上落下来，专门找人的耳后、腋窝等隐蔽有毛发处叮咬，别看它平时体型不大，吸血以后身体逐渐膨胀起来，红褐色似豆粒般大小。这种硬蜱能传播森林脑炎病毒，可引起中枢神经系统感染性疾病，虽然概率很低，但是非常可怕。这时我们都发现身上有草爬子，有的草爬子头部已经叮进了皮肉里面，为了彻底检查不把草爬子带回去，大家干脆在小河边上脱掉全身衣服，认真查找。身上少的抓到10个左右，最多的抓到18个。抓草爬子要特别注意，如果它的头部叮进皮肤里，千万不要慢慢地往外拽，那样它的头会被拉断留在皮肤里，向外拽时，要弹一下草爬子，再用指甲掐住突然用力一拽，它的身子和头部就能全都拉出来。检查确信身上不会有草爬子，我们才放心地回到林场。

尽管这次野外踏查没有找到东北虎的粪便和其他活动痕迹，但是和外国专家一起考察了完达山东北虎栖息地，身临其境地体验了茫茫林海的自然景观。俄罗斯专家也确信张场长介绍情况的真实性，因为完达山有大面积连续的森林，蕴藏着丰富的野生动物资源，具有东北虎生存栖息的自然环境。

# 四 · 不速之客

　　人类社会从旧石器时代晚期开始，便能够使用工具，逐渐学会用火后开始吃熟制的食物。又经过漫长的岁月，开始走出森林，在河流平原定居，开垦土地，逐渐开始耕种谷物，饲养家畜家禽。当人类在河流沿岸平原定居之后，虎等大型兽类则不得不退居于山区森林地带，森林便成了虎的家园。

　　尽管虎终年生活在深山老林之中，也许是它们不甘寂寞，也许是它们年老力衰，难以捕捉到足以充饥维持生存的猎物，也许是山里的动物过于稀少，从古至今不乏猛虎下山，光顾荒郊僻野人类居住的茅屋草舍的事例。1994年春节过后，我们正在老爷岭进行东北虎和豹调查期间，绥阳林业局李春山科长告诉我，前不久，三节砬子屯来了1只东北虎，并且在村子里过了

> 东北虎过夜的前园子

> 老爷岭森林景观

一夜。闻讯我和高志远在李科长带领下急忙赶往三节砬子屯。

三节砬子屯行政区属于东宁县老黑山镇，坐落在森工绥阳林业局施业区。村边的住户离山脚大概百米左右，山上成片的柞树、零星的桦树和杨树镶嵌其间，挺拔的松树却高出一头，站在住户的家门口都能看得一清二楚。全村几十户人家，面山而居，村里人祖祖辈辈都是面朝黄土背朝天，辛苦劳作，由于交通不便，生活并不算富裕。房子有瓦盖的泥土房，还有草房，典型的东北农村建筑。房后是街道，侧面开个门，前边有一个小院。院子左边是猪圈、柴禾棚，右边是粮食仓房，下面养鸡和鹅。小院前面是用一人高的细木杆围起来的菜园子，冬季园里放些秸秆和干草，狗和羊就在菜园子里过夜。除了街道以外，每排独门独户的房子都是由木杆夹成的篱笆院和菜园子相互连接起来。来到村子里，街口有位老人告诉我们，前不久是韩庆成家来了1只东北虎，因为村子不大，不管谁家有点新鲜事，马上全村人都会知道。韩家住在最西边，前数第二排房。主人对我们的来访，不失东北人的淳朴和热情，赶忙让我们进屋。我们坐在炕沿上，主人又是拿烟又是倒水，当得知我们要了解东北虎的情况时，韩庆成说："那天碰巧有事我没在家，还是让我家里的跟你们说吧。"韩庆成的妻子大约四十来岁，普通农村妇女，文化程度不高，但是说起这次东北虎闯进她家的事，却是记忆深刻。

那是春节过后没几天，大概是2月20日，农历正月十一，刚过年农村没什么活，老韩又不在家，她起来得并不算太早，天已经亮了。跟往常一样，她要到外边院子里抱柴禾烧火做饭。刚推开房门，就看见前边园子里趴着一个黄乎乎的东西，好像小牛犊子，她正要继续往外走却见那个东西立起了前腿，抬起了头，她仔细一看，脑袋是圆的，身上黄色还有挺宽的黑杠，这哪是小牛！当时她吓出了一

## 东北虎的粪便

在野外发现东北虎捕食地点或者跟踪东北虎足迹，就有可能收集到东北虎的粪便。通过分析检测东北虎的粪便可以得到很多信息，粪便中含有不能消化的被捕食动物的毛和小块骨骼，从中可以知道东北虎捕食动物的种类，了解它的食性。粪便样品采用分子生物学分析方法，可以分析测定东北虎个体生物学特征，进一步分析种群生态学和遗传学特征。在同一地区收集到相当多份数的东北虎粪便样品，那么，通过记录采集粪便的地点和实验室DNA分析可以掌握东北虎种群的许多信息，如东北虎的领域、活动范围、捕食物种、食性、种群数量、亲缘关系、性别判定和遗传多样性等。

> 冬季深雪的虎足迹

身冷汗，这不是虎吗！于是赶紧退回来关上屋门。进屋叫醒还在睡觉的孩子，不敢让他们出声，老老实实躲在炕上。可是东北虎在园子里不走怎么办？于是她打开后窗，喊着告诉邻居前边园子里有一只东北虎，有几个附近的邻居站在自家门口又是高声喊叫，又是敲铁桶，设法把东北虎撵走。过了一会儿，这只东北虎纵身跳过一人高的木杆篱笆，慢慢悠悠地向西边的大山里走去。韩庆成妻子说这个东北虎体型挺大，看起来就像马戏团里的虎似的，不怎么害怕人。

东北虎离开之后，她到前边园子里一看，养了好几年看家护院的大黄狗被活生生地咬死了，园子边上两只大鹅也被咬死了。想起猪圈还有两头猪，到猪圈一看，两头100多斤重的猪都被东北虎咬死了，其中有一头猪从后边被吃掉将近一半。随后，她带我们到前园子里的现场介绍当时的情形。我们问她："估计东北虎是什么时候来的？猪和狗都被咬死了，听没听到叫声？"她说："没有听到狗叫，也没听到猪叫，也就是晚上10点多钟，好像听着外面有声响，没有在意。东北虎真厉害，平时有个外人来，狗早就叫起来了，怎么连点声都没有就死了？"她不停地为被虎咬死的大黄狗和两头猪惋惜。我们也感到农民的家庭财产受到了损失，让他们自己来承担的确不公平。可是当时老百姓还不知道国家保护动物造成的伤害和损失政府会给予适当经济补偿，当时也没有补偿的先例，憨厚朴实的农民当然不会提出赔偿的要求。在调查中我们还了解到，这只东北虎在吃了韩庆成家的猪之后，并没有走远，第二天又到屯子北边刘江家咬死了1只羊。刘江他们也是在发现东北虎之后敲铁桶，放鞭炮，硬是把这只东北虎给轰出了屯子。这只东北虎在三节砬子屯附近转悠了四五天，以后再没到这里来过。

在回去的路上，李春山对我们说："我们这里正月过年，农村都有走亲戚串门的习惯，野生动物不是人类的朋友吗？它也要下山到屯子里串个门，来了就得吃点喝点，很正常，可是这种'不速之客'，还真让老百姓有点担惊受怕。"这话虽然是调侃，但也有些道理，同时也让我想到应对农民的损失给予补偿，这样会避免人与虎产生矛盾冲突。

# 五·纳金日杰狩猎场

　　1993年4月下旬，应俄罗斯科学院远东分院太平洋地理研究所的邀请，我和高志远、于孝臣、关国生共4人赴滨海和哈巴边区进行东北虎和远东豹的野外考察。

　　当时正是我国对俄贸易最为红火的时期，边境口岸人流拥挤，大多是做生意的，不管是中国人还是俄罗斯人，这些生意人都携带一人高的大包货物，称作"捣包的"。他们有的自己背，有的雇用专门扛包的人，扛包人背着特制的包裹看起来非常吃力，步履艰难地夹杂在人群中。像我们仅携带一个旅行包的只占少数。海关出入境检查也非常严格，因为是从绥芬河乘火车过境，虽然路程很近，但是到俄罗斯境内在火车上却足足等了

> 狩猎场办公室外景

> 野外宿营地

2个多小时，好不容易才顺利通过海关到达葛城。来接我们的人在乌苏里斯克，这段路要我们自己租车，因为那时边贸秩序很乱，我们也担心出意外，只好找了一位年龄较大的在当地做生意的老乡给我们租了一辆车，才稍微有些放下心来。还好，我们一路顺利到达了滨海边区的首府符拉迪沃斯托克市。

到俄罗斯之后，情况出现了变化，太平洋地理研究所所长告诉我们，原计划负责接待我们的俄罗斯专家皮库诺夫由于去野外调查，不能及时赶回来，无法按原定的考察日程进行，只能临时安排我们去纳金日杰狩猎场进行野外实地考察。两天后，皮库诺夫回来后再带我们去边境附近的东北虎保护区，了解俄罗斯保护区的东北虎保护和自然植被等生境状况。

第二天早晨，天刚亮我们简单吃完饭，带上去野外的备品，就坐上俄罗斯专用的野外考察大篷车出发了。考察车又高又大，驾驶室除了司机还能坐2个人，车厢上安装了密闭的防雨防寒车棚，仅在两侧留有很小的玻璃窗，后边车门一关，里面黑乎乎的。车里的生活用具却一应俱全，前边搭起30多厘米高的木床，铺着毡垫，是我们乘坐的地方，上面还放着一排行李。车里还有一个铁炉子，另外还有折叠桌子、凳子、铁锹、斧子、锯、水桶、铁锅、水壶和餐具等，少不了还要带上足够两天吃的食品，有面包、香肠、牛肉、土豆、罐头和酒。车开得很快，一会儿身子倒向左边，一会儿又把我们甩向右边，也许是车轮太高，颠来晃去，感觉有些头晕。大约3个多小时后到达林区，山里的路比较难走，车开得慢多了，当汽车终于停了下来的时候，再往里面就是不能行车的路，四周全是树木，已经到了狩猎场。

带领我们考察的只有2个人，一位是研究所爬行动物研究专家，但也从事大型兽类研究，中等身材，看起来有点消瘦，三十多岁，留着满脸胡子，性格很开朗，跟我们有说有笑，介绍那里的情况。另一位年纪略大一些，身体健壮，他既是司机也是我们的向导。

暮春4月，万物复苏。暖洋洋的太阳早已将大地上的冰雪融化得无影无踪，小草刚刚吐出新芽，溪流旁的冰凌花傲然绽放。狩猎场位于滨海

> 野外考察大篷车

> 野外晚餐

边区西南，东面是海湾，西边就是中国黑龙江省的东宁县，除了狩猎场以外，俄罗斯还有3个自然保护区相距不远。这里的山坡比较平缓，树干碗口粗细的蒙古柞，一棵挨着一棵，布满山岗。黑桦的树龄至少有50年，厚厚的树皮格外粗糙。还有紫椴、糠椴、裂叶榆、山槐等，生长的较为分散。高大挺拔的红松错落有致，十分显眼，树干粗大，要两三个人才能合抱，树龄均在100~200年。林下灌木层稀疏，虽然森林中没有路，走起来却并不困难，只有山脚或山腰平缓低洼处才

## 东北虎幼虎的生长发育

初生幼虎未睁眼，无牙齿，四肢趾下肉垫鲜红色，全身有短而密的米黄色绒毛，并有黑色条纹。初生幼虎体长34厘米，肩高16厘米，尾长14厘米，胸围24厘米，体重1.35千克。15日龄已睁眼，体长45厘米，肩高18厘米，尾长19厘米，胸围33厘米，体重3.063千克。30日龄能自由活动，体长50厘米，肩高23厘米，尾长23厘米，胸围40厘米，体重4.93千克。60日龄长出臼齿，体长62厘米，肩高30厘米，尾长30厘米，胸围43厘米，体重7.62千克。90日龄可随母虎活动，食带骨的肉，体长71厘米，肩高34厘米，尾长38厘米，胸围49厘米，体重10.935千克。

有茂密的灌木丛。我们在下午1点多翻过第二道山梁时，发现了被东北虎捕食的野猪的残骸，野猪的肉已经被全部吃光，仅有皮毛和骨头散落在草地上，四肢和头都分开老远。根据现场分析，野猪被捕食至少在半个月之前，仔细查看，还可以辨认搏斗现场折断和压倒幼树留下的痕迹。后来在调查中还遇见许多马鹿和狍的粪便。当我们来到山垭口的时候，俄罗斯向导不让再向前走，他说再走你们就回中国了，已经到边境线附近。可以看出越是靠近边境，森林越是茂密，越接近原始林状态，树木越粗大。边境地带大概是野生动物的庇护所，因为这里没有任何破坏和干扰，有丰富的食物来源，栖息环境适宜动物生存，当然，也是东北虎和远东豹的适宜栖息地。天黑之前，向导带我们回到了宿营地，也就是之前停车的地方。

　　大家忙着准备晚餐，中午因为节省时间在山上简单吃了点面包，这时都感到饿了。有的人弄柴点火，有的人去河边提水，有的人从车上卸东西，先把牛肉和土豆炖上，其他食品打开即可食用。天已经完全黑下来了，我们围坐在餐桌旁，搪瓷缸斟满了俄罗斯白酒"伏特加"，你一杯，我一杯，相互祝福频频不断。不知什么时候那位大胡子专家拿来一把吉他，挎在肩上边弹边唱，兴致盎然，或许是受到了他的感染，或许是大家都喝了些酒的缘故，都跟他一起唱了起来。双方都熟悉的俄罗斯歌曲《莫斯科郊外的晚上》《喀秋莎》《三套车》，中国歌曲《在那遥远的地方》《草原之夜》等在大森林中回荡。在篝火映照下，大家又跳起舞来，一个个穿戴着草绿色的工作服和帽子，脚下是靴子，像打了胜仗的士兵。此时此刻，我们完全忘记了爬山越岭的劳累，感觉不到夜晚的丝丝寒意，苦中作乐，用相机留下这美好的记忆，就这样度过了一个愉快的夜晚。

# 六 · 乌苏里斯克保护区

符拉迪沃斯托克是俄罗斯远东最大的海滨城市。这座美丽的城市依山傍海，因地势起伏，楼房高低错落，排列有序，蔚为壮观。建筑古朴庄重，街道车辆络绎不绝，市井繁华，海岸风光旖旎。1996年2月25日，我和关国生、吉林省林业厅杨世和处长、李彤老师应俄方邀请，去进行东北虎野外考察。我们到达之后还没有来得及观光城市，便去乌苏里斯克自然保护区进行野外考察。

乌苏里斯克自然保护区位于符拉迪沃斯托克市北部，距离市区不远，保护区负责人阿巴拉莫夫负责我们这次考察活动，因此提前做了具体安排。2月26日清早，我们乘车去保护区。一路上大家有说有笑，观看沿途景

> 杨世和、李彤、关国生与俄罗斯专家在乌苏里斯克自然保护区合影

色。杨处长说他感冒了，嗓子有些疼，关国生找出来先锋霉素消炎药，他在车上立刻把药吃了。大约2个小时，到了保护区入口检查站，典型的俄式木板房里走出来2位工作人员，阿巴拉莫夫跟他们说明情况后，工作人员便很客气地打开大门，让我们的汽车开进了保护区。

我们计划在保护区内一边开车向前行走一边考察，晚上在保护区另一端宿营点过夜。保护区植被保存相当完好，越向里面森林越是茂密，山坡上原始红松林高耸入云，粗大笔直的树干林立，由于灌木稀疏，林下显得格外空旷。早已过了松塔成熟的季节，不知是什么时候掉下来的松塔，在树下密密麻麻到处都是，有的落在一尺多厚的雪地上砸出深深的坑，有的没有全进到雪地里还露着塔子的鳞片。阿巴拉莫夫一路上给我们介绍保护区情况，乌苏里斯克自然保护区面积300多平方千米，既保护原始红松针叶林森林生态系统，也保护原始森林生物多样性。他说这个保护区有3~4只东北虎，还有猞猁、黑熊等，马鹿、野猪数量很多，他们是东北虎的食物。保护区管理非常严格，除了保护区工作人员，没有其他任何人为活动

> 林间古老的小木屋

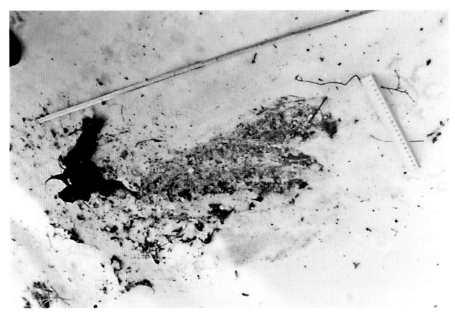

> 东北虎的粪便与扒痕

干扰，保持绝对的自然状态，例如，红松种籽全部要留在树上，任其自然地落到地下，为野生动物提供足够的食物。两山之间沟谷、河流两岸大多是阔叶树，主要有榆树、杨树、毛赤杨、枫桦和柳树灌丛。

汽车在一片高大的针阔混交林旁边停下了，阿巴拉莫夫带我们到林子里参观林间古老的木屋，还有一座纪念碑。他给我们讲述关于木屋和纪念碑的来历，我却没有在意听，也没记住。但是矗立在茂密森林中别具一格的木屋及周围景色却引起了我的兴趣，树丛中的屋顶和地面覆盖着厚厚的皑皑白雪，木屋周围洁白的雪地上留下一条条马鹿走过的非常清晰的足迹，简直是一幅优美的风景画。我们在林子里走了一圈，到处都是马鹿和狍的足迹，从足迹上看，乌苏里斯克自然保护区内的种群密度很高，那么东北虎的食物自然也就相当丰富。

再往前走2~3千米，我们突然发现了道路上一只东北虎刚刚走过的新鲜足迹，它沿着道路走了大约300多米，然后离开道路进入森林。因为前一天夜里飘了一层薄薄的小雪，厚度不到1厘米，东北虎的足迹很清晰，估计是天刚亮时从这里过去的。跟着足迹向前走没多远，在道路上发现东北虎排出的粪便，还有尿迹，查看粪便仅仅冻了表面一层，中间还是软的。在粪便前方，留有东北虎用爪子扒土的痕迹，似乎想掩盖粪便。接着，我们测量足迹的数据，步距的大小，根据足迹特征和测量结果，判断是一只成年雌虎。然后放上标尺，拍下足迹、粪便和尿斑的照片，以便判别痕迹的测量数据。再往前走大约200米，路边有一个动物头骨，到近前才看清楚，是狍的上颌骨。光溜溜的白色骨头没有肉和皮毛，估计这只狍已经被捕食较长时间，并且这里并不是捕食的现场，可能是捕食者从远处将骨头叼到这里丢弃的，加上乌鸦和其他鸟类的啄食，骨头变得很干净。据俄罗斯专家多年调查，东北虎主要捕食对象有马鹿、野猪和狍，其中猎获狍的频次最低，也许我们这次遇到狍被捕食的残骸也是一次偶然。

傍晚，我们到达保护区另一端宿营地。在道边不远处有一幢木屋，是专门为保护区人员巡护、调查设立的临时住所，在当地的其他保护区和狩

> 野外考察小憩

> 与俄罗斯专家参观标本室

猎场偏远处都有这样的木屋。虽然没有人长期居住，但是木屋内生活用具却一应俱全。阿巴拉莫夫打开房门的锁头，大家把车上的东西搬进去，然后准备劈柴点火，把屋子烧暖，我和关国生去小河边提水。这时杨处长和李彤拿出了象棋，准备对弈，其实我们4个人对中国象棋都是业余爱好，水平接近，晚上没事轮流下几局，结果各有胜负，难分伯仲。当我们提水回来，看见李彤正在催促杨处长："我跳马，该你走了。"从说话的语气中我就知道这局是李老师占了上风。杨处长看我们进来也不回答他，却对我们说身上起了许多疙瘩，感觉痒得厉害，过了一会，脖子和脸上也起了成片红疙瘩。我这时也很担心，估计是他对在路上吃的消炎药过敏，如果不及时治疗，恐怕有危险，就和关国生商量让阿巴拉莫夫赶快开车回去。阿巴拉莫夫开始不同意，说要等观察一下再说。这时杨处长自己跑到路边上想截车回去，由于天已经很晚了，哪里有车，何况在国外，很难跟司机说明白。看样子越来越严重，天又黑了，他自己很着急，我们心里也没了底，我坚持让阿巴拉莫夫马上开车回去找医院。就这样我们连夜返回乌苏里斯克，半夜敲开一家诊所的门，一位四十多岁女大夫检查病情之后，给杨处长注射退烧药，然后打点滴，吃药，并且告诉我们不会有危险，很快就可以好了，我们悬着的心才算放下来。果然，经过治疗，过了2天，一切都恢复了正常。

杨处长病好之后，我们又去附近的保护区进行野外考察。随后几天，皮库诺夫自己开车，带我们去中俄边境附近其他保护区和狩猎场进行野外考察，俄罗斯远东居民区很少，汽车行驶几个小时也看不到居民的房屋和有人活动，确实地广人稀。公路比较密集，四通八达，林区内都是水泥路面，交通很方便。但是有一天晚上我们想赶到一个猎场住宿，没想到皮库诺夫也迷了路，转来转去，多用了好几个小时才到。

我们野外调查多次在森林中的小木屋过夜，白天上山，晚上赶回来，然后再开车到另一个地方。每到一处，都要找当地人收集最近发现东北虎和豹的资料，到狩猎场和保护区除了座谈外，也参观他们的标本室，可以看出当地动植物资源丰富，且他们具有较高的保护管理和科研水平。

# 七·美丽的阿贡河

从哈巴罗夫斯克出发，坐了一夜火车，下车后又坐上来接我们的汽车，翻山越岭用了大半天的时间，我们终于来到北部一个小镇——阿贡。主人萨卡洛夫和夫人非常热情，事先早已给我们安排好了住宿的房子，房间生活用具一应俱全，清一色实木家具，客厅的墙上悬挂着一张毛发黝黑的熊皮，胸部的白毛呈"V"字形，非常醒目。这是他家专门用于接待客人的房子，距离他们住处很近，仅有一道之隔。萨卡洛夫在当地经营一个林场，除了管理林子以外，还有狩猎场，也保护和管理这里的野生动物。

小镇旁边有一条河叫阿贡河，也许村镇因河而得名。萨卡洛夫当天安排我们去见镇长，介绍我们的来意和几天野外考察的安排，随后又带领我们参观镇上的博物馆，馆中展出的多是有关小镇的历史、文物、特产、人物和地理风情。镇子里没有高大的建筑，街道两旁成排的树木，环境清洁、优美，一家一户俄式木板房围在低矮的木板条篱笆内，行人和车辆很少，显得格外幽静、祥和。

萨卡洛夫知道中国人并不习惯吃当地食物，特意给我们拿来一袋大米，一桶豆油，还有肉、土豆和青菜，我们可以自己做中餐。当然，作为主人他也请我们到他家里做客，把所有好吃的东西都拿出来招待我们。萨卡洛夫有两个女儿，都在读书，六十多岁的母亲也和他们生活在一起。他的母亲告诉我们，她在年轻的时候曾经居住在与中国相邻的边境上，和中国人常有来往。因为过去的时间太长，现在她已经一点也听不懂汉语了。在我们到来的时候，他们特意包了一顿饺子，说这是中国人最喜欢吃的。

第二天，萨卡洛夫和他的同事带我们一道去野外考察。按计划晚上要在野外宿营，清晨他们把帐篷、棉大衣、靴子、炊具、牛肉和土豆，还有准备捕鱼的渔网和鱼竿等，用车拉到河边装上停靠在岸边的两条柴油汽艇，我们也分别坐上汽艇准备出发。汽艇很简单，船体是铁的，长约5米，中间

> 　与俄罗斯专家合影


最宽处约1.5米，尾部安装一个柴油发电机，是动力部分，还有一个厚木板制成的船舱。中间横放两块木板是坐人的地方，只有一个人在后面掌舵驾驶，没有护栏和棚盖，视野开阔。阿贡河比我们想象的要宽，最宽处足有200多米，一般多在150米左右，水有多深却不知道。暮春5月，两岸杨柳刚刚吐出新绿，水面风平浪静，偶尔有成群的或成对的野鸭被汽艇的轰鸣声惊飞起来。汽艇在河流中间行驶，当开足马力时速度非常快，冲出一条波浪，后面留下长长的白色浪花。我和高志远、于孝臣、关国生四人相对而坐，大家都有些紧张，一动不动，谁都不出声，汽艇稍微有颠簸，大家的心提到了嗓子眼上。唯一能够排解一下紧张气氛的，就是不断迅速后退的美丽的阿贡河沿岸风光。

　　中途，汽艇靠岸停了下来，萨卡洛夫告诉我们要去参观一个当地土著人的村庄。上岸大约走了不到2千米，一座座俄式木板房的村落就呈现在眼前。当我们走进一家小院时，主人从屋里出来热情地与萨卡洛夫打招呼。这个村子居住的都是鄂伦春族人，祖祖辈辈一直生活在这里，他们的人口很少，不知道是否还有自己的语言，我们听到的都是讲俄语。他们知

> 阿贡河上的汽艇

> 在鄂伦春族房屋前

> 用野生动物的毛皮制作的坐垫

道我们从中国远道而来，非常热情，还拿出吃的招待我们，全家人跟我们一起合影。他们和大兴安岭的鄂伦春族人没有什么两样，只不过在两个不同的国度必然会受到当地文化的影响，生活习惯有些变化，但是也一直保留着鄂伦春族的传统文化和利用野生动物产品制作生活用品的技艺。随后我们去参观展览室，里面摆满了用驼鹿腿皮制作的高筒靴子、水獭皮制作的帽子、麝鼠（*Ondatra zibethicus*）皮制作的衣领、狍腿皮制作的鞋子、狍头皮制作的小孩帽子、鹿角制作的刀鞘，以及五颜六色图案漂亮的各种毛皮坐垫和用动物毛皮拼制的精美图案的挂毯等，从中我们也可以看出少数民族在正确认识野生动物保护与利用之间关系的悠久历史。

　　重新回到船上我们又顺河道行驶了2个多小时，拐进一条河岔里，不远就到达目的地，萨卡洛夫看见远处有飞起的绿头鸭（*Anas platyrhynchos*），悄悄地拿起猎枪，只听一声枪响，一只肥大的绿头鸭立刻从空中掉下来。真是好枪法，大家不住地夸赞，他说这里是他经营的狩猎场，野生动物数量很多，他经常到这里狩猎。我们稍停片刻就到林地里考察，附近没有居民，河岸两侧宽阔，一片沼泽灌丛，远处山地隐约可见大面积寒冷地区特有的泰加林。大家穿上水靴，行走在布满积水的森林沼泽中。萨卡洛夫介绍说这里的大型动物中驼鹿最多，也有马鹿、黑熊和棕熊，驼鹿喜欢到有水源的沼泽地中采食，我们一边走一边观察这里的植被和生境，一堆堆驼鹿的粪便到处都是，估计驼鹿数量比较多。远东泰加林也是松鸡科鸟类的适宜栖息地，萨卡洛夫告诉我们什么样的植被经常有镰翅鸡（*Falcipennis falcipennis*），柳雷鸟（*Lagopus lagopus*）、黑琴鸡（*Lyrurus tetrix*）和花尾榛鸡经常在什么地方觅食活动。当问他这里有没

> 考察途中

> 野外宿营地

有东北虎和远东豹分布,他却说过去可能有,现在却没有发现过它们的活动痕迹。据资料记载,东北虎的历史分布区的北缘在黑龙江以北沿外兴安岭直到库页岛。可能在150多年前这片森林中还有东北虎活动,但如今也早已消失了踪影,说明俄罗斯东北虎的分布区历史上也存在由北向南逐渐退缩的过程。

下午太阳要落山的时候感觉到有些冷,我们纷纷穿上带来的棉大衣和皮袄,我和高志远拿起鱼竿和排钩到河边钓鱼,于孝臣和关国生跟着俄罗斯人去下网。萨卡洛夫和他另外一个同事忙着搭帐篷,然后准备架起铁桶做晚饭。河里的鱼非常多,把鱼钩放进河水里,用不了一会儿就会有鱼来咬钩,俄罗斯人钓鱼不在金属鱼钩上挂饵料,而是在钩的上方挂一簇红色的毛缨,在水中像小鱼或昆虫一样摆动,鱼游过来一口吞下就上钩了。当放在河里的排钩突然向下沉的时候,就可以赶快往上拽鱼钩。不一会儿,我们已经钓上来3条鲶鱼,每条有1.5千克左右。到傍晚时,他们已经用渔网捕捉到半水桶鲫鱼、草根鱼和狗鱼,肥大的鲫鱼鳞片闪着金光,狗鱼长约0.5米,有4千克左右。萨卡洛夫挑些大的留下,剩下的又重新放回到河里,只要够吃就行,他们绝不浪费资源,从中也可以看到俄罗斯人良好的

> 阿贡河风光

生态保护意识。

　　尽管在野外，晚餐依然很丰盛。香喷喷的大米饭，萨卡洛夫说大米是从中国进口的。大块的牛肉和土豆炖在一起，放上一些当地植物叶子调料，味道很好，用铁锅煎的鲫鱼，外面金黄色，里面鱼肉雪白，特别好吃，还有香肠、罐头和大马哈干鱼坯子。大家围在火堆旁，端起盛满伏特加的杯子，大声喊着"干杯!"，气氛欢乐友好。

　　深夜一片漆黑，周围十分寂静，明亮的繁星布满天空。也许是都喝了些酒，相互挤在狭小的帐篷里，盖上棉大衣，大家很快就进入了梦乡。天亮以后我们急忙到河边洗漱，简单吃点早餐，然后收拾东西准备登船。在返回的汽艇上，好说爱动的于孝臣，也不像来时那样对滔滔河水和飞驰的汽艇胆怯了，一次次站起来手比画着大声说"开这个船很容易，我弄明白了，我去把舵"，可是每次高志远都制止他，让他安稳地坐下来，免得发生意外。一路上，美丽的阿贡河，富饶的阿贡河，给我留下了难忘的记忆。

# 第五章

# 国际合作调查

1999 年冬季，由中国、美国和俄罗斯专家组成的调查队，在黑龙江省进行了一次较大规模的东北虎和豹的国际合作调查。调查结果令人担忧，野生东北虎的数量已经下降到濒临绝迹的边缘，不仅分布区被隔离为"孤岛状"，而且多为零星的游荡个体。因此，有专家推测"野生东北虎在中国已经技术性灭绝"。显然，采取积极措施加大对我国野生虎的保护力度，已刻不容缓。

# 一·培训与实习

在俄罗斯科学院远东分院太平洋地理研究所皮库诺夫教授的努力下，曾经在美国霍诺克野生动物研究所工作、已在俄罗斯进行东北虎研究多年的国际野生生物保护学会（WCS）远东项目协调员、东北虎研究专家戴尔·麦奎尔与WCS亚洲保护交流项目主任张恩迪博士协商，决定与黑龙江省野生动物研究所合作，由研究所牵头组织开展黑龙江省东北虎和豹调查。1998年，双方达成合作意向，经过反复协商签订协议，落实调查费用、制订调查计划并着手准备工作。1999年冬天在黑龙江省进行了一次较大规模的东北虎和豹分布、数量以及东北虎的猎物资源野外调查。中方参加调查的除了黑龙江省野生动物研究所的我和孙宝刚所长、于孝臣、关国生、卢大明，还有中国林科院李迪强博士、东北林业大学金崑博士和陈化鹏博士。外国专家有戴尔·麦奎尔和皮库诺夫，还有尤里·杜尼森科和伊戈尔·尼古拉耶夫。张恩迪博士不仅参加野外调查，还为整个调查的计划安排和协调做了许多工作。因为先前已经大致掌握了东北虎的一些情况，所以准备工作比较顺利，我们计划野外样线调查首先从老爷岭开始。

在野外调查开始之前，我们来到黑龙江绥阳森工林业局，对参加调查的当地人员进行基本常识的培训。主要包括大型兽类调查方法、野外调查样线的布设原则、东北地区大中型兽类的雪地足迹和其他活动痕迹的识别、结合调查样线表解释调查中测量和记录的要求、野外调查注意事项等。在中外专家都到齐之后，大家又一起讨论针对东北虎和豹以及有蹄类动物的调查方法、调查样线、野外记录、人员分组等具体问题。戴尔·麦奎尔简单介绍在俄罗斯开展东北虎野外调查的技术要求，皮库诺夫根据他们的经验对本次调查提出了一些有益的建议。通过培训统一了调查方法，明确了具体的要求，当地林业局对调查的组织和时间安排都做了周密的布置。

> 虎足迹（梁凤恩摄）

野外样线调查分成4个小组，这样每天就可以完成4条样线，并且每一条样线都保证有外国的和中国的专家。重点调查林区，即东北虎和豹活动可能性较大的林场，每个林场面积100平方千米左右。每一个组都要有所调查林场标有林班的地形图，确保在调查中调查人员能够清楚地把握所处的位置和行进方向，标记出调查样线和GPS定位的地理坐标。当培训即将结束的时候，林业局工作人员告诉我们，刚刚接到电话，三岔河林场一位工人在山上发现了东北虎的脚印。这个消息让我们喜出望外，原计划调查开始之前，所有参加调查的人员要利用一天时间集中做样线实习，这次碰巧发现了东北虎足迹，是难得的机会，增加了大家野外足迹识别培训的内容。由于三岔河是老爷岭东北虎重点分布区，近年来连续不断发现东北虎活动，在林区生活的人大多数都认识东北虎的脚印，他们称东北虎为"大爪子"，也就是说东北虎脚印不仅大而圆，且掌垫和趾垫的印迹与其他动物足迹差别很大，有经验的人不难区别，我也对发现的一定是东北虎足迹深信不疑。

1999年1月18日，调查队在绥阳林业局三岔河林场集中一起去野外实习。第一件事就是去看当地工人发现的足迹，汽车送了我们一段之后，我们必须步行钻林子进山。清晨天气很冷，由发现足迹的那位工人做向导，我们踏着厚厚的积雪，走了大约1个小时，在半山腰河沟旁边找到了足迹。山沟里积雪较深，超过了20厘米，雪非常松软，脚印呈圆形雪窝，大小与虎的足迹差不多，但是看不清楚掌垫和趾的形状。连续的足迹链，从山上沿着河沟旁边，有时下到河面向下走，毫无疑问这是大型动物的足迹。大家围着看了一会儿，可是在场的人谁都不出声，都明白在这种没有把握的情况下，不能轻易表态。然后我们沿着足迹向下跟踪，希望能够发现新的

> 虎足迹（董红雨摄）

线索。果然，走在前边的戴尔发现了黑熊的毛。河边有一棵树斜长在岸边，黑熊要从下面通过，树干很低刮掉了黑熊背部的毛留在树皮上。我们这才弄清是黑熊的足迹，只有熊的足迹在特殊的条件下与虎足迹不好辨认。东北林区群众都知道在冬季黑熊要"蹲仓子"，到开春天气转暖才从洞穴中出来。其实，黑熊也有不冬眠的个体，称为"走驼子"，熊类不"蹲仓子"越冬也有多种原因。

　　接着我们还是照常进行调查样线实习，对在调查中随时发现的动物足迹及时进行辨认识别，进行记录，除了黑熊，还发现了野猪、狍、黄鼬、东北兔等足迹。使用GPS记录调查样线，标记定位、拐点坐标。对调查样线布设、植被类型、足迹测量方法、记录内容等都进行了统一要求和示范。大家感到收获很大，不仅按计划顺利完成了实习任务，熊的足迹也给我们上了生动的一课，珍稀动物调查信息固然重要，但是必须严谨分析，坚持对信息的及时现场核查，以保证尽量降低野外调查资料的误差。

# 二 · 神秘的老爷岭

老爷岭坐落在黑龙江省东南部,吉林省北部,南北走向,属长白山系。西南接莺歌岭,东北接太平岭和肯特阿岭,由哈尔巴岭、高岭、盘岭等组成。主峰老爷岭海拔1 478米。山体是由火山熔岩组成的断块山地,是图们江和牡丹江的分水岭。

据史志资料记载,早在上万年之前的旧石器时代晚期,牡丹江流域的老爷岭林区便有古人类活动,东北最早的先民肃慎人首先在这一带繁衍生息。虞舜时期,肃慎人便开始向中原王朝进贡,《国语·鲁语》中记有"肃慎氏贡楛矢石砮",即肃慎人向中原王朝首领进献"楛矢石砮"。由

> 针阔混交林植被

此表明远方民族与中原地区不可分割的紧密联系，也说明在老爷岭生息的早期人类围着篝火过着张弓飞矢、刀耕火种的氏族社会生活。

老爷岭可以说是东北满族先人生息繁衍的中心，据《晋书·东夷传》载，挹娄居地区"在不咸山北，去夫余可六十日行。东滨大海，西接寇漫汗国，北极弱水，其土界广袤数千里"。长白山在古时候被称为不咸山，不咸山北也就是老爷岭和完达山，东滨大海即日本海。由此可见，满族先祖居住区域范围之大。

虽然老爷岭林区有记载人类活动逾万年的历史，但是清末之前这里人烟稀少、地域宽广，物产富饶，加之早期生产力低下，对大自然的干预破坏程度极其有限。

> 野外调查

1644年清军入关后，便开始对东北实行封禁，以保护其"龙兴之地"，老爷岭林区也包括在其中。仅从保护自然的角度看，正是因为长期封禁直到清朝末年老爷岭林区仍然保持了原始生态环境。张怡民在《宁古塔围猎》中写道："今黑吉两省交界的方圆三四百里之内，苍茫林海遮天蔽日，几百里连绵不绝，是名闻华夏的大窝集、小窝集。窝集也写作乌稽、渥吉、阿（音恶）机等，都是满族及其先世女真人语言中的大森林之意。这一片茫茫原始大森林汇成的林海——窝集或乌稽，甚至成为一千多年前东北古老民族与地区的名称……。"可见直到二三百年前，这片广大黑土地上的山海与原始大森林，其规模是何等之大。清代初期百年间，无数关内各地流人从这茫茫林海走过，许多人或坠落悬崖或被熊虎吞掉丢了生命……，吴兆骞的《大乌稽》《小乌稽》二诗，吴桭臣的《宁古塔纪略》、杨宾的《柳边纪略》等都真实而生动地记录下这原始大森林无边无际、遮天蔽日，虎狼横行，跋涉其间时刻有生命危险的恐怖情景，读来令人惊心动魄。大森林是各种野兽、飞禽的生活栖息之地，流人的著作也记载了那时熊、虎、野猪、狼（*Canis lupus*）等猛兽十分之多。浅山区到处都可以见獐、狍、野鹿、狐、兔、野鸡等。那时，由于宁古塔地区人烟稀少却山林密布，獐（*Hydropotes inermis*）、狍、野鹿与野鸡等飞禽不怕人，狍、野鸡等白天常到有人居住处活动觅食。吴兆骞的"栖冰貂鼠惊频落，蛰树熊罴稳独悬"就是对当时老爷岭一带原始生态环境的真实写照。

清顺治年间，清政府开始向辽沈地区迁移人口，此后一个多世纪老爷岭林区遭受战乱、采伐、开发的影响，森林和野生动物资源遭到严重破坏和干扰。据《东宁县志》记载，1860年在海参崴（今符拉迪沃斯托克）谋生的山东、河北和朝鲜北部的贫民，发现瑚布图河西岸三岔河口一带地势平坦，土质肥沃，有丰富的金矿和珍贵的人参，便相约进入采参、淘金。后来便开荒种罂粟和粮食，搭盖茅屋定居下来。已荒凉几百年的东宁林区再度被开发，此后不断有移民迁入。1902年中东铁路绥芬河至哈尔滨段通车，当地森林开始被大规模采伐。据《绥阳林业局志》载："是年（1922年）细鳞河林场由俄人木商谢结斯采伐租赁的森林基本砍光，共伐出木材100万立方米，林场破坏惨重。"

大范围的伐木、烧炭、开矿、修路和修建战略工事,使森林资源惨遭破坏。为了将砍伐的木材外运,还在林区修建公路和森林铁路。除此之外,侵华日军为了防御苏联军队的进攻,在东宁修筑了亚洲最大的军事要塞,被称为"东方马奇诺防线"。它的主阵地始建于1934年2月,主体工事1937年末完成,配套、扩建和附属工程到日本战败时也未完工。东宁要塞群南起大肚川的甘河子,北至十八盘山的绥芬河界,正面宽约93千米,东起三岔口的麻达山,西至老黑山的炮弹沟,纵深50多千米。有飞机场10个,永久性工事400多处,野战炮阵地45处,已发现的地下军事要塞有勋山、朝日山、胜洪山、母鹿山、904高地、麻达山、三角山、甘河子、阎王殿、北天山。进入勋山要塞如同走进迷宫,一条条高1.8米、宽1.5米的甬道纵横交错,甬道的一侧都有排水沟,水泥地面非常平整。上下三层直至地面都能连通,甬道交叉的地方就是指挥所、医疗所、无线电室、铁车库房、升降井、贮备仓库、弹药库、电机房、兵舍、火力发射点、防毒气的双层隔离门等设施。修筑要塞等军事工事征用中国劳工17万人,只有少数得以生还。东宁最多时曾屯驻日军13万多人。据资料记载,在苏联军队进攻时,满山扔炸弹,山都被炸红了,日军凭借半山腰地下军事要塞,飞机、大炮对其起不了大作用,战斗因此持续很长时间。由此可见,战乱给人类和自然界造成深重的灾难。

中华人民共和国成立后,老爷岭林区相继建立了林业管理机构,实行采育结合,加强森林培育和生物资源保护管理。但是随着社会经济的快速发展,由于人口不断增长,土地的开垦利用,道路的修建逐渐增多,对大型动物的栖息活动产生较大影响,使原本数量不多的东北虎变得非常稀有。

黑龙江省穆棱林业局彭学文在20世纪70年代森林调查时,曾经捡到过虎的头骨。据彭学文讲,他大学毕业后被分配到穆棱林业局森林调查队不久,一次外业调查在越过小河时,无意中踢到一块动物的头骨,经过仔细辨认,与其他动物头骨不同。头骨近于椭圆形,吻部很短且宽,脑颅部低而小,该头骨颧骨粗大,向外突出,他觉得可能是虎的头骨,后来又请一位老中医辨认得到证实。根据头骨新旧程度,估计是很久以前自然死亡的东北虎，不知经过多少年风吹日晒、土壤侵蚀和雨淋，最后落到溪流中被雨水冲刷下来。

老爷岭历史上就有东北虎分布，据资料记载，民国时期东北虎经常出没在城郊村屯，伤害人畜。1943年，在东宁红石砬子屯东北虎曾经咬伤过在厩舍吃草的马匹。1960年前后也发生过人畜被东北虎捕食的事例。

尽管在过去的100多年，老爷岭林区遭受了森林砍伐、战乱影响和人为经济活动的干扰，却仍然有东北虎生存活动，这充分表明自然界万物生灵生生不息的顽强生命力。

# 三 · 首战告捷

　　绥阳林业局位于黑龙江省东宁县境内，南北长150千米，东西宽50千米，总面积5 160多平方千米，森林覆被率78.23%。施业区的东北和东南角与俄罗斯交界，北面是鸡东县和八面通林业局，西边与穆棱林业局相邻，南面紧靠吉林省的珲春和汪清。绥阳林业局建于1948年，有10个林场，7个经营所。全区南北地势高，中间低，东宁县位于林业局中部，向北有绥满铁路和301国道将老爷岭分为南北两部分。

　　三岔河林场位于绥阳林业局南端，与吉林省珲春自然保护区相邻。森林植被属温带针阔混交林和阔叶林。海拔800~900米，主要是枫桦–冷杉林，乔木树种有枫桦、冷杉、鱼鳞云杉、白桦、紫椴、色木槭等，亚乔木及灌木主要有花楷槭、青楷槭、裂叶榆、接骨木、胡榛子、刺五加、东北茶蔍子等，草本植物主要有毛缘苔草、双叶舞鹤草、酢浆草、粗茎鳞毛蕨等。海拔较高的云冷杉林里，由于食物贫乏，林下灌木少，隐蔽条件差，动物的种类较少。针阔混交林和阔叶林里经常有马鹿、野猪和狍活动，紫貂、黄喉貂、黑熊、松鼠也时有发现。海拔600~800米，主要分布有红松针阔混交林，乔木有红松、黑桦、青杨、山杨、白桦、紫椴等，亚乔木及灌木主要有假色槭、瘤枝卫矛、暴马丁香、胡枝子、刺五加等，草本植物羊胡子苔草、三叶唐松草、大叶柴胡等。海拔600米以上属于深山区，也保留着部分没有被采伐的原始林。这种林型是野生动物较为适宜的栖息环境，是野猪、狍、马鹿、梅花鹿采食地和卧息地，也是豹猫（*Prionailurus bengalensis*）、黄喉貂、黄鼬、野兔和花尾榛鸡等经常栖息活动的林地。东北虎和豹也常在这种林型中活动，隐蔽栖息和猎取食物。羊胡子苔草–胡枝子–柞林，主要分布在海拔400~600米或更高的林带。蒙古柞是绝对优势种，伴生黑桦、赤松、兴安杜鹃、胡枝子、平榛子、山槐等，林下分布羊胡子苔草、沙参、大叶山黎豆、山芍药、苍术、地榆等多种草本植物。柞树

> 老爷岭山脉

林林下植被稀疏，动物种类较少，主要有貉（*Nyctereutes procyonoides*）、狗獾（*Meles meles*）、东北兔、花鼠（*Tamias sibiricus*）等，秋季野猪也到柞树林内寻找食物，夏季狍经常在柞树林中活动。海拔400米以下，多属浅山区阔叶混交林、河岸柳丛和水湿草地。蒙古柞、枫桦、山杨、毛赤杨、柳树和柳叶绣线菊等构成低山区的植被。

参加国际合作调查的人员共分成4组，调查第一天，在三岔河林场有2个组，在暖泉河林场有2个组，因为来了4位外国专家，保证每组都有1位。第一组于孝臣、张恩迪、戴尔·麦奎尔、李春山和林场向导，第二组关国生、皮库诺夫、李迪强和当地向导，第三组卢大明、尤里·杜尼森科、陈化鹏、丁森和林场向导，第四组有我和伊戈尔·尼古拉耶夫、金崑和当地向导。

1999年1月19日，我们组和关国生组在三岔河林场调查，按照事先布置好的调查样线,告诉向导起点和终点的位置,预计调查时间和行进速度。带上干粮、水和调查仪器设备,吃完早饭我们就出发了。我们组样线在林场南部,与吉林省交界的山地,样线长度在7~10千米。山并不很陡,雪深在15~20厘米,山下边沟谷两侧大多是灌丛和幼龄阔叶树,山坡和山上是成片的落叶松林,也有针阔混交林。伊戈尔·尼古拉耶夫年龄最大,将近六十岁,个子不高,由于经常跑野外,钻山林子,走起路来脚步非常轻盈,一点也不比我们慢。早晨天气很冷,我们上山时都把羽绒服系紧扣,戴好帽子和手套,不到1个小时,爬上山坡后已经气喘吁吁,身上冒了汗,羽绒服也穿不住了,帽子也摘掉了。我和伊戈尔·尼古拉耶夫分别记录调查样线发现的动物种类、活动痕迹、数量、行进方向,记录地理坐标和植被、生境类型等。调查中我们记录到狍、野猪和马鹿的足迹,并没有发现东北虎和豹的活动痕迹。

> 野猪

> 虎足迹（董红雨摄）

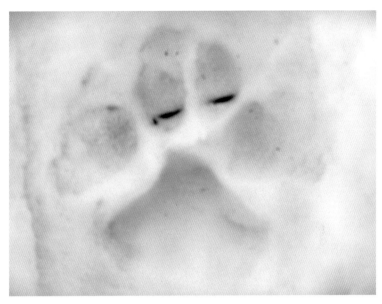

> 深雪中的足迹（董红雨摄）

晚上回到林场以后，我们才知道第二组和第三组都在调查样线上发现了东北虎的足迹链。第二组是在三岔河林场11林班发现的东北虎足迹，地理位置东经131° 06′ 33″，北纬43° 28′ 02″。足迹的前足掌垫宽度10~11厘米，单足迹宽15.5厘米，长17厘米，步距75厘米，由此推断该个体可能是一只雄虎。足迹来自吉林省境内，经绥阳林业局三岔河林场14、12、11和18林班向暖泉河林场53林班的方向走去。第三组在暖泉河林场25林班发现东北虎足迹，地理位置东经131° 10′ 54″，北纬43° 34′ 26″。前足掌垫宽度10.5~11.5厘米，单足迹宽15.5厘米，长18.5厘米，步距50.5厘米。根据足迹测量数据推测，该个体应该是一只成年雄虎。当时我们根据前足掌垫宽度、足迹走向、痕迹留下时间和发现足迹地点之间距离分析认为，可能2个组发现的东北虎足迹为同一个体的。

调查队第一天进行调查，就有2个组发现了东北虎足迹，首战告捷，给这次调查带来了意外的惊喜。大家无不为之振奋，对接下来的调查都充满了信心。

# 四 · 辗转绥芬河

　　绥芬河是流经东宁县和绥阳林区的最大河流,分为大绥芬河和小大绥芬河。小绥芬河由林区北部与俄罗斯交界的双桥子三道沟起源,由北向南长达80千米,最后并入大绥芬河。大绥芬河发源于吉林省汪清县林区,由西部进入绥阳林区向东穿过林区腹部,河流长达70千米,经东宁进入俄罗斯汇入日本海。绥芬河南岸主要支流有瑚布图河、老黑山河、罗圈河,北岸主要支流有小绥芬河、黄泥河、寒葱河。

　　我们在调查中对以前曾经出现过东北虎活动,或者邻近森林面积大、人口稀少的可能有东北虎分布的地方都布设了调查样线。老爷岭南部大绥芬河流域林区是调查的重点。1999年1月19日至22日,我们4个调查组在野外跑了4天,做了16条样线,从与吉林珲春相邻的三岔河林场到暖泉河林场、中股流林场、三节砬子林场、万宝湾林场、寒葱河林场和柳桥沟林场。除了翻山越岭以外,还要与其他组保持联系,相互通报信息,整理调查记录,确定第二天调查样线,以及准备转移到下一个调查地点。由于时间很紧张,大家起早贪黑,感到非常疲惫。

　　1月21日,我们小组在柳桥沟进行野外调查。林场南部与吉林省汪清交界,绥芬河从这里经过。这一带山岭起伏,森林茂密,以蒙古栎、黑桦为优势种的针阔混交林,伴生山杨、糠椴、裂叶榆和色木槭等树种。调查中发现多处林下积雪有大片被野猪拱翻的痕迹,冬季野猪一般要在阳坡或半阳坡栎树林下寻找食物,主要是植物掉落的果实,也啃食雪被下的草根。在深山区野猪冬季也会拱开厚厚的积雪,采食成片的青绿色铧草。冬季野猪食物单一,尤其是遇到雪特别大的冬季,气候过于寒冷,当年出生的幼龄个体,由于雪深难以活动寻找食物,多数很难熬过这个冬天,导致种群数量下降。野猪多成群活动,由母猪带领小猪,少则几头,多则十几头一起游荡。单独活动的成年公猪,被称为"孤猪",体大健壮的公猪很

> 野猪的足迹

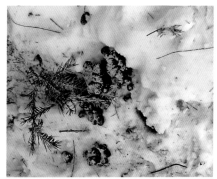
> 野猪的粪便

凶猛,在红松阔叶林活动,夏季经常在树干上来回蹭,身上挂满松树油,好像穿了盔甲,两个锐利的獠牙是它们攻击的武器,因此东北林区民间流传着"一猪二熊三老虎"的俗语,也就是说老虎轻易不敢与"孤猪"较量。那么,为什么东北林区群众还把东北虎称为"猪倌"呢?所谓猪倌也就是"放猪的",过去农村猪倌拿着大鞭子赶着一群猪到野外采食,傍晚再赶回来交给饲养户。因为东北虎总是在森林里跟在野猪群后边转,伺机捕捉猪群里那些老弱个体作为食物,所以老百姓也把东北虎称为"猪倌"。东北虎捕食野猪群体中的老弱个体,既能控制和调节森林中野猪的种群密度,也可以起到种群复壮的间接作用,从这一点来看,东北虎也的确是野猪种群的管理者。

随后,我们按照足迹行走路线,对这群野猪进行跟踪,希望通过足迹分析这群野猪究竟有多少头。采食地足迹混乱,不容易区分个体数量,只有跟踪一段路程。一群野猪在受到惊吓或奔跑的情况下,通常是前后排成一列,数量也很难分辨出。只有在正常状态下才可能会分开,在通过浅雪的地方如河流冰面或道路时,才有可能区分一群当中的个体数量。我们跟踪了大约3千米,弄清这群野猪总共有7头。

调查完老爷岭南部几个林场之后,调查队到达老爷岭北部,也就是小绥芬河流域。这时天气发生变化,突然下起了大雪。休息了一天,雪下得略微小一些的时候,我们继续调查。按常理,刚刚下过大雪就进行野生动物调查,效果不太好,尤其是在北方要以发现动物的足迹为重要依据,大雪

> 冬季野猪过夜的窝巢

有一定影响。但是我们国际合作调查计划时间很紧,只好照常进行。

　　1999年1月24日,调查队来到穆棱林业局,进行了4天野外样线调查。调查的林场有岱马沟、老道沟和共和3个林场,做了12条样线。调查区林型主要有桦树–云冷杉林、红松–针阔混交林、柞树–阔叶林、桦树–阔叶林和白桦–云杉林,海拔在500~1 000米。雪被厚度在20~40厘米。调查中2条样线发现猞猁足迹,其中有1条样线显示是2只一起活动。4条样线上发现熊的足迹和爬树留下的抓痕。有1条样线发现了疑似东北虎的毛,证明可能有东北虎栖息活动,但还要对发现的毛进一步鉴定分析才能确定。

　　老爷岭野外调查结束了。蜿蜒曲折的绥芬河见证了林区野生动物的历史变迁,连绵起伏的老爷岭留下了探索野生动物王国奥秘的瞬间足迹。艰辛、匆促的野外调查充满了喜悦与忧虑,但愿通过实地调查结果能够引起有关部门更多关注,采取科学合理的保护管理措施,留住这块野生东北虎的栖息地。

# 五·中俄边境调查

　　黑龙江省东南山地老爷岭,东部与俄罗斯滨海边区山脉相互连接,中间没有阻隔野生动物自由迁移活动的天然屏障。东宁县包括绥阳林业局边境线长180多千米,鸡东县边境线长108千米。在中俄边境东北虎通过分布区之间的生态廊道跨国界迁移,因此,保证边境森林郁闭度和减少人为设施影响,对东北虎等大型兽类自由迁移活动非常重要。这次调查既要寻找东北虎和豹,同时也要对边境野生动物生态廊道现状进行考察。

　　1999年1月23日,在老爷岭北部双桥子林场,因涉及边境故仅有我们中方专家在边境线进行东北虎调查。我和张恩迪、于孝臣、卢大明等早晨天放亮就从驻地出发,汽车送了我们一程,到预定地点后,向导开始带领

> 老爷岭森林植被

> 边境铁丝网围栏

我们向中俄边境方向做调查样线。林内植被茂密，有柞—桦林和针阔混交林，林下灌木主要是胡枝子、毛榛子、接骨木和刺五加等。山路特别难走，越过沟谷必须先经过山脚浓密的灌丛，然后是林间塔头草甸湿地。冬季这种草甸上面覆盖一层雪，"塔头"就像一群人陷进泥塘露出一个个脑袋，下面深浅不一，即使冬季往往在底下也不会封冻。过草甸要踩着塔头走，若一不小心掉下去，会陷得很深，需要用力才能爬上来，如果有水的话，鞋子会湿透，狼狈不堪。

　　接近中午的时候，突然飘起了鹅毛大雪，天黑沉沉的，在森林当中更感到天昏地暗，雪花迷茫遮掩视线，看不清几米远的物体。尽管这样，大家还是坚持继续向边境线前进，希望雪能快点停下来，也担心向导找不准方向带错了路。我们慢慢地行进在密林中，终于在午后到达中俄边境。雪

虽然小一些，但还是纷纷扬扬始终下个不停。

森林中积雪很深，旧雪被新下的雪又覆盖一层，在原来雪地上马鹿的足迹只能看到一连串浅坑，小动物如黄鼬、松鼠的足迹已经完全被新雪覆盖得严严实实，看不到任何痕迹。雪深达到40厘米，在林中行走也比较费力，两脚要趟开雪才行。老爷岭北部中俄边境山峰一个接一个，明显标志是两边竖立着中国和俄罗斯的界碑，界碑中间是边境线。我国一侧有铁丝网围栏，水泥柱约2米多高，围十几道铁丝线，铁丝网并不是全封闭，有的地方一段中间留有1米多宽的缺口。我们沿着边境铁丝网走了2千多米。据了解，在边境地区居民点较多的地方，铁丝网主要是防止附近饲养的牛马等家畜越境，较远的地方主要是防止当地居民越境，在边境也能看到严格禁止人员越境从事各种活动的警示牌。

但是，这种边境围栏会阻碍东北虎和豹在两国分布区之间的迁移活动，对其他大型兽类活动也会产生很大影响，有蹄类动物如果到边境遇到围栏必然会折返。尽管东北虎和豹略有不同，因为它们的跳跃能力很强，也许2米高围栏挡不住它们，或许围栏留有缺口，或者因年久失修出现破损，东北虎和豹有可能通过。尽管如此，对于作为野生东北虎迁移生态廊道来说，当然是没有这道围栏会更好，不仅对东北虎和豹的活动不会产生障碍，也可以让其他野生动物包括有蹄类动物畅通无阻，自由自在地在两国边境迁移。

所谓动物生态廊道，可理解为野生动物相邻栖息地之间经常来回迁移运动的自然连通途径。当然，生态廊道可宽可窄，窄道则与生态廊道概念类似。美国保护管理协会从保护生物的角度，把生态廊道定义为"供野生动物使用的狭窄带状植被，通常能促进两地间生物因素的运动"。对濒危物种东北虎来说，种群数量已很稀少，栖息地破碎化又导致少量个体孤岛状分布，势必加剧濒危程度。因此，生态廊道的维护对我国野生东北虎种群恢复至关重要，它能够保障东北虎相邻种群相互连接，逐渐扩大分布范围，增加相邻区域东北虎个体寻求配偶繁殖的机会，保证不同种群或家族之间的血缘交换，促进基因交流，防止近亲繁殖引起种群退化。目前，在中俄边境林区、黑龙江和吉林省之间仍然存在野生动物的生态廊道，注重保护和恢复东北虎生态廊道是种群恢复的希望。

这次边境调查并没有发现东北虎和豹的活动痕迹，但是，中俄边境东北虎往来迁移活动已经多次被证实。老爷岭南部和北部都存在东北虎生态廊道，东宁鸟青山至鸡东凤凰山，东宁庙岭至绥阳林业局三岔河，边境林区森林植被保存良好，尽管林间有小块湿地但并不影响动物活动。因为在边境林区没有农田和居民点，人为经济活动对动物的干扰程度相对较小，还保持着原有的自然环境。现在老爷岭北部已经建立了2处自然保护区，对东北虎迁移生态廊道的保护和恢复非常有利。但愿在老爷岭南部能够尽早建立保护区或采取相应保护措施，进一步加强中俄之间、黑龙江和吉林之间东北虎生态廊道的保护和管理。

# 六·寻找金钱豹

　　在我国东北地区现存的猫科动物仅有4种，东北虎体型最大，其次是豹，再次是猞猁，豹猫体型最小。豹是仅次于虎的大中型捕食兽类，在我国也被称为金钱豹、银钱豹、文豹。分布于我国东北地区的，是豹的东北亚种，因而我们称之为东北豹。豹的头小而圆，耳短，黄色，耳背黑色且有显著白斑。虹膜为黄色，在强光照射下瞳孔收缩为圆形，夜间两眼发光。犬齿发达，舌表面有角质化的倒生小刺。嘴两侧有5排斜形的胡须。额部、眼睛之间和下方以及颊部都布满了黑色斑点。身体毛色鲜艳，背部杏黄色，颈下、胸、腹和四肢内侧为白色，尾尖黑色，全身都布满了黑色、深棕色古钱状环或斑点，头部的斑点密而小，身体的斑点较大。东北豹体长80~140厘米，尾长70~100厘米，体重60~90千克，最大个体达108千克，雄性体型略大于雌性，春夏季节漂亮的金黄色体毛长约2.5厘米，冬季御

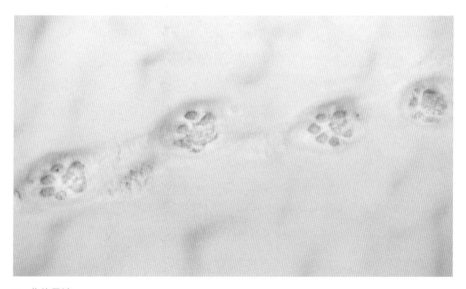

> 豹的足迹

寒体毛呈淡灰色,长约7厘米。躯体匀称,四肢健壮,趾行性,前足5趾,后足4趾,爪锋利,可伸缩。视、听、嗅觉均很发达。犬齿及裂齿极发达,上裂齿具3齿尖,下裂齿具2齿尖,臼齿较退化,齿冠直径小于外侧门齿高度。

东北豹栖息于寒温带的阔叶林和针阔混交林区,在东北林区栖息于海拔400~1 000米的山地。巢穴比较固定,多筑于浓密树丛、灌丛或岩洞中。除繁殖期外,多营独居生活,常夜间活动,白天潜伏在巢穴或树丛中休息。如食物丰富,活动范围较固定;食物缺乏,则游荡觅食。豹具有领域行为,雄性的领域比雌性大,但几只豹的领地有可能相互重叠。东北豹每年1至2月交配,母豹的妊娠期为95~105天,每胎产2~3仔,哺乳期为4~6个月,幼仔被母豹哺育1年后开始独立生活,3~4岁性成熟,寿命15~20年。东北豹感官发达,动作敏捷,善于跳跃,能爬树,但不喜欢游泳。性情异常凶猛,犬齿大而锋利,裂齿也特别发达,有利于擒获和撕扯猎物。捕食梅花鹿、麝、狍、野猪、兔等动物。身体强健,可以越过6米宽的沟渠、跳上3米高的峭壁。有时也吃鱼、鸟类,偶尔袭击家禽、家畜等。捕猎时有两种主要的进攻方式,一种是隐蔽在树上,可以居高临下发现猎物,同时气味也会随风飘散,不易被猎物发现,等待猎物从树下经过时捕食。另一种是偷袭,先潜行接近猎物,然后突然跃出,将其捕获。豹的力量很大,可以将比自身更重的猎物拖到树上去,悬挂在树枝上,这种特殊的贮存食物方式,使猎物既不易腐烂,又不会被别的动物吃掉。

豹广泛分布于非洲和亚洲,其亚种分化颇多,总计约有20多个亚种。我国分布的豹有3个亚种。分布于我国东北及俄罗斯远东地区的豹同属一个亚种,即豹的东北亚种,俄罗斯称其为远东豹。过去豹的分布广,数量多,基本上与东北虎分布区重叠。随着东北虎分布区退缩,种群数量的急剧下降,豹也一样仅在原始分布区的中心地带有少量个体,从整体来看比东北虎更濒危,数量更稀少。在国家重点保护野生动物名录中,虎被列为国家一级重点保护野生动物,是《濒危动植物种国际贸易公约》(CITES)附录I物种。

根据以往野生动物资源调查的结果,大兴安岭和小兴安岭的豹已经基本绝迹,仅在黑龙江省东南部山地尚有分布,种群数量则极其稀少,主要分

> 张广才岭山脉河流景观

布于张广才岭的海林、林口、宁安，老爷岭的东宁、穆棱、鸡东等地。

　　1994年至1996年，我们对东部山地林区进行了调查，追踪寻找珍稀濒危物种金钱豹。东京城林业局与大海林林业局毗邻，这里有著名的高山火山堰塞湖——镜泊湖，是老爷岭与张广才岭交汇区，西部与吉林省交界。面积4 200多平方千米，森林类型主要是针阔混交林，落叶阔叶林面积大约为总面积的四分之一，仅有少量针叶林。云冷杉针阔混交林所占比例高于红松针阔混交林。该区森林茂密，崇山峻岭，人迹罕至，山形地势适合于豹栖息活动。通过调查获得信息分析，当时估计有2~3只豹栖息活动。1985年至1991年，当地林业职工和附近村民曾经在9个林场11次发现豹及其活动痕迹。发现地点有东京城林业局尔站林场88和89林班、东方红林场75林班、抚育站103和104林班、红旗林场35和36林班、桦树林场38林班。1987年在英山林场曾有猎人猎杀过1只豹，在新城和老黑山林场也有人见到过豹的足迹。通过对发现豹活动信息的分析，认为多数信息的可信程度比较高。例如，1985年冬天，东方红林场职工李明久在75林班亲眼见到1只豹，当地也有人知道在该林班附近有一个小山洞，这只豹常年在这里栖息活动，没有人去惊动它。1991年1月我们在东京城林业局进行野生动物资源调查，斗沟子林场一位采伐工人见到一条猫科动物足迹链，并且报告说发现了东北虎足迹，经过调查队员和当地有经验的猎民一同去现地核实，确认是豹的足迹。另外，在大海林林业局的杨木沟林场、太平沟林场和前进林场也曾经发现过豹的活动痕迹。

在老爷岭的绥阳林业局和穆棱林业局，我们调查了解到涉及老爷岭南部、老爷岭北部和穆棱林业局7个林场，十多次发现豹实体和活动痕迹的信息。绥阳林业局双桥子林场位于老爷岭北部，东部与俄罗斯相邻，北部和西部为鸡东县和八面通林业局施业区，南部是东宁县二段林场。林场技术员许正民在1994年至1996年期间，每年冬季都能发现豹的踪迹，豹主要活动于该林场的62、64、58、73、75林班，估计至少有2只。1998年4月，该林场职工在55林班防火瞭望塔上观察到1只豹。在老爷岭南部绥阳林业局的三岔河林场、黄松林场、寒葱河林场，相邻的穆棱林业局的代马沟林场和杨木桥等处也曾经多次发现过豹及其活动痕迹。据三岔河林场技术员张传发介绍，1994年1月，他在34林班发现豹的足迹，当时他误认为是东北虎留下的，回来之后与当地猎人讲足迹的大小，才知道那是豹的足迹。没过几天，在他发现足迹不远处，与吉林省交界的地方，有一个人被豹咬成重伤，勉强爬到公路，幸好有人遇见，将其送到就近的春化医院救治。根据访问调查获得的资料经分析认为，老爷岭南部林区当时可能分布有2~3只豹。

在完达山林区，根据当地县志和林业局志记载，宝清、饶河和虎林县及东方红林业局过去均有豹栖息活动。在我们的调查中，仅1989年和1990年发现2次豹及其活动痕迹。后来几乎没有人见到过豹的活动，说明完达山林区豹的数量已经非常稀少。

地处张广才岭北部的柴河、方正、林口林业局，20世纪50年代至60年代豹的数量较多，在70年代以后，数量急剧下降，到20世纪末还有豹栖息活动信息，如1997年11月在林口林业局四道林场发现过豹的活动，当时估计至少有1只豹在该林区生存活动，因数量极其稀少，所以很难发现豹的活动痕迹。

1999年冬季进行的国际合作调查，豹也被作为调查对象之一。在进行东北虎调查的同时，我们也对调查区域内豹的数量和分布进行了调查。由于豹的数量非常稀少，其领域和活动范围较小，行动很隐蔽，仅仅依靠野外样线调查，并且是以调查东北虎为主要目标来确定的调查样线，不仅难以发现豹的活动痕迹，对于确定分布和数量也似乎是不全面的。结果在所有调查样线上均未发现豹的活动痕迹，因此，只能根据访问调查得到的18条信息来粗略估计豹的种群数量。我们仅用发现的豹的信息进行分析，排除可信程度较差的信息，最后估计在调查区域（老爷岭和张广才岭）可能有3~5只豹。其中，老爷岭南部1~2只，老爷岭北部1只，张广才岭北部1只，张广才岭南部0~1只。如果真是这样的话，那么以上4个相互隔离的孤立分布区，那些单独个体必然将在不久之后从森林中消失。

### 东北虎的生态廊道

生态廊道即连接东北虎栖息地之间具有相互迁移功能的通道，但是，伴随东北虎分布区的变迁，其生态廊道也发生相应的变化。根据近年来野外调查监测，发现几处东北虎生态廊道，分别在完达山林区位于饶河县的西林子至西通、饶河县大通河至虎林县小木河之间，在老爷岭林区东宁市鸟青山至鸡西市凤凰山、东宁市三岔口至绥阳林业局的三岔河之间。在大龙岭珲春自然保护区存在与俄罗斯和朝鲜之间东北虎迁移活动的生态廊道。

虽然豹的数量已经十分稀少，但是在最近十几年的野外调查中还是有2次发现豹的足迹。一次是2002年12月19日，我们在吉林省珲春自然保护区进行野外调查，意外地发现1只豹的足迹链。另一次是2008年3月11日，我们在东宁县进行东北虎野外调查时，在亮子川调查样线上发现了2只豹的活动足迹。活动路线是沿着中俄边境瑚布图河由南向北，在刚刚下过一层薄雪的冰面上行走，足迹非常清晰。

东宁亮子川与绥阳林业局暖泉河林场相邻，与珲春自然保护区同属老爷岭南部。通过对东北虎的连续多年监测，老爷岭南部林区不仅经常发现东北虎活动，也多次发现豹的足迹和活动信息，可以肯定，这一区域是目前我国东北豹的最重要分布区。

# 七·虎啸小北湖

　　在黑龙江省宁安市境内，张广才岭南部与老爷岭的交汇处有一个小北湖，是举世闻名、风景秀丽的北方高山堰塞湖——镜泊湖的姊妹湖。小北湖林场因湖而得名，该林场与东京城和大海林森工林业局相毗邻。因为有湖，这里是许多珍稀鸟类的天堂，如中华秋沙鸭（*Mergus squamatus*）、丹顶鹤（*Grus japonensis*）、鸳鸯（*Aix galericulata*）等冬去春来，世代生息；由于有山有森林，也是多种珍贵兽类的栖息地，如东北虎、豹、紫貂、斑羚和黑熊等此间山林常见它们行踪；除此之外，小北湖林场还拥有原始地下森林，也称"火山口原始森林"，景色壮观，远近闻名。小北湖最高海拔1 260米，是国家级自然保护区。

　　地下森林是在火山口岩浆流淌下陷形成的地下熔岩洞群的原生裸地上经过漫长岁月逐渐演替为阔叶红松林顶级群落而形成。据科学考察，距今一万多年前，火山喷发，由东北向西南在长达40千米、宽5千米的狭长地带形成10个直径大小不等的火山口，每个火山口直径在400～550米，深度达100～200米。其中3号火山口最大，直径达550米，深度达200米。站在火山口顶，可以俯瞰地下森林构成的奇观。深邃、阴冷、昏暗的火山口底部，生长着高大的红松、黄花落叶松、紫椴、水曲柳、黄檗等珍贵树种，傲然挺拔。不仅充分显示出大自然的神奇奥秘，也足以证明生命的顽强与倔强。

　　我曾去过长白山天池，火山口一泓碧蓝的池水，也许是海拔高的原因，四周耸立的熔岩壁和火山灰上没有植物生长。我也去过五大连池，黑龙山火山口就是在山顶上形成一个很大很深的坑，火山喷发留下黑里发红的碎石和尘土，也没有生长出较大树木，在山脚下岩浆下泻形成的大片黑色石海上，也没有生长出植物来。因为那是最后一次火山爆发形成的，距今仅有一百年，说不定一万年之后也会成为火山口森林。当然，不同年代火山爆发形成的地质奇观，展现了各自不同的观赏价值。张抗抗的《地下森

> 虎的足迹

林断想》，通过想象生动地描述了地下森林成因，读来颇有感悟和启迪。

　　1999年3月，我们到张广才岭南部进行东北虎及其猎物野外调查，在小北湖林场，场长告诉我们作业区不久前来了1只东北虎。2月6日早上，工人小徐准备赶马上山干活，没料想在林子里的马却不见了，往远处一看，马倒在地上，跟前站着1个黄乎乎身上有黑色条纹的动物，发现是东北虎后，他吓得急忙向后退，这时东北虎发出吼叫声，让人心惊胆战。他跑回工棚，但是东北虎不肯走，大家也不敢上山干活，只好告诉林场负责人赶快想办法。林场负责人赶紧派人送鞭炮，点燃鞭炮后才把东北虎轰走。把东北虎赶走虽然是不和谐之举，但是为了保证人的安全和正常生产活动，也是不得已而为之。在我们调查之后，小北湖和相邻的大海林林业局施业区又连续发生东北虎捕食牲畜和与人相遇的事件，这些迹象表明在1999年至2003年，老爷岭南部林区至少有1只东北虎栖息活动。

> 查看虎的足迹

　　2001年秋天，小北湖又发生马在山上被东北虎咬伤的事件。事情发生在黑龙江省建设最早、规模最大的天然长白落叶松和原始红松母树林基地。一连几天，林场先后有5匹马被野生动物抓伤和咬伤。林场技术员陈玉东查看了事发现场，从受伤的马身上留下的爪痕推测是大型猫科动物抓伤的，猫科动物有这样力量的就是虎和豹。经过对现场周围搜查，在附近一条上山的小路上发现了东北虎足迹，泥地上留下了非常明显的圆形大爪子印。因为足迹比豹的要大许多，另外豹的体重轻于虎，不会踩出这么深的脚印，所以确定是1只成年东北虎，体重在150千克左右。估计这只东北虎在这里活动已经有一周左右。

张广才岭南部东北虎活动范围较大，包括小北湖在内的东京城林业局西北岔、尔站等4个林场，大海林林业局西南太平沟、柳树、前进等5个林场，相邻的苇河和三河屯林业局红旗等林场，面积约3 800平方千米，这一区域是黑龙江省海拔最高的林区，其中的老秃顶子海拔1 687米。2003年春天，我们得到大海林发现东北虎的消息之后，立即赶到现场核查情况。

2003年3月11日，大海林林业局太平沟林场73林班林业工人拉套子作业点，傍晚5点钟左右，职工张汉龙从山上干完活回来后，将2匹马拴在附近树林旁边，他自己则进入窝棚里休息。大约在晚上6点钟，他听到外面马的惊叫声，感觉有些不对，可能是遇到了危险，便急忙从窝棚里出来，看一看究竟怎么回事。还没有走到马跟前，借着雪地亮光就看见那边林子里有一只体型很大的虎，林子里比较黑暗，东北虎两只眼睛发出亮光。这时他拿起一把板斧，用力敲打树干，发出响声，想把东北虎吓跑。可是东北虎不但没跑，还不住地冲他吼叫、发威。因为天已经黑了，他也很害怕，就赶紧跑过去把拴着的两匹马的缰绳解开，自己迅速跑回窝棚。这一宿他也没睡好，又不敢出去，等到第二天早晨，张汉龙提心吊胆地来到林子里察看，东北虎已经不知去向，其中一匹马被东北虎咬死，身上的毛全是湿淋淋的，看样子是经过激烈搏斗，脖颈上有被咬的伤痕。张汉龙后悔没有把东北虎轰走，也觉得不应该把马的缰绳解开。当天，林业局来人到现场察看，除了被捕食的马以外，还有搏斗时相互撕咬掉下的一缕缕鬃毛，以及东北虎在雪地上留下的一连串十几厘米梅花状足迹，雪地上的足迹还带有鲜红的血色。

林区有许多人认为东北虎的爪子总是流血，有"十虎九漏"之说，其实

## 东北虎的繁殖

野生东北虎每年在12月至翌年2月发情交配，雌虎发情期叫声更为频繁，响亮叫声可将信息相互传递，并且经常向树干等物体上排尿，尿液的气味易于雄虎跟踪寻找配偶。交配期雌雄虎相随数天或十几天，发情盛期每天多次交配，每次持续时间较短。东北虎妊娠期98～112天，胎产仔1～3只（人工饲养东北虎多者可胎产仔4～5只）。野生东北虎雌虎产仔后要哺育幼虎2～3年，这期间不再发情交配，待幼虎可以独立活动后雌虎才能进入下一次繁殖。东北虎幼虎在3～4年龄达到性成熟，雄虎比雌虎略晚。

并非如此。东北虎的足迹绝大多数是没有血迹，所见到带血的足迹可能有两种情况，一是刚刚捕食之后，爪子上沾染被捕食猎物的鲜血，或者是东北虎的爪子受伤流血，才会在足迹上留下带血的痕迹，也许人们偶然发现过东北虎带有鲜血的足迹，误以为爪子有血漏便以讹传讹，造成误解。

据张汉龙讲，2002年11月14日，有位到林子里采山的人，曾经在73林班遇见1只东北虎，吓得他躲进窝棚。2002年12月28日，与太平沟相邻的柳树林场17千米处，林场职工刘兆金发现1只东北虎的足迹。2002年7月26日，邻近的山河屯林业局红旗林场也发现过一只东北虎的足迹。2003年以后，老爷岭南部黑龙江这边再没有发现过东北虎活动信息，但是也没有东北虎死亡的消息，该林区的东北虎是否已经绝迹了呢？下这样的结论未免为时尚早，因为相邻的吉林省老爷岭南部林区，还发现过东北虎栖息活动的证据。也许有一天东北虎还会重新回到这片曾经恣意驰骋、咆哮过的森林。

# 八·北上完达山

在黑龙江省东北边疆，有一片大森林，这就是完达山东部林区，森林面积约19 500多平方千米。林区北界止于饶力河，西部至宝清县，南部抵达密山市以北，并且以大片水湿地、低矮林和农田地与完达山西部相分割，东部隔乌苏里江与俄罗斯相望。完达山东部是镶嵌在我国东北三江平原上的一颗明珠，据《山海经》记载，大荒中有座山，是太阳和月亮升起的地方。后来，人们把这座山命名为完达山。"完达"满语意为"梯"，有攀登高峰之意。具有神话色彩的完达山脉将三江平原分为南北两部分：山北是松花江、黑龙江和乌苏里江汇流冲积而成的沼泽化低平原，即狭义的三江平原；山南是乌苏里江及其支流与兴凯湖共同形成的冲积、湖积沼泽化低平原，亦称穆棱河-兴凯湖平原。

完达山是东北开发较晚的林区，浩瀚的森林里蕴藏着许许多多奇珍异宝，著名东北"三宝"——人参、貂皮、鹿茸，这里都有，当地物产如松茸、猴头、灵芝、元蘑、木耳、薇菜、林蛙油等，都非常珍贵。林中蕴育的动植物和中草药多达几百种，可以说随手抓一把草就是药，在《完达山珍贵自然资源宝典》（张雷、盖一波、程守涛编著）详细记述了近300种野生珍稀动植物及其经济价值。另外，在这片森林里还栖息着"兽中之王"东北虎，更为完达山林区增添许多神秘的色彩。

我们到完达山的第一站是迎春林业局五泡林场，依然分成4个组进行野外调查。不久前的一场大雪，给完达山林区披上了厚厚的"银装"。合适的积雪能够为我们调查野生动物创造良好的条件，只要是动物在森林或旷野觅食活动，必然会留下痕迹。足迹、卧迹、采食痕迹、尿迹、粪便等是调查中辨别动物种类和数量的依据。可是，这次调查的前些天是强降雪天气，平地雪深达到50厘米，山上的积雪在70厘米以上。由于雪太深，给我们的调查带来很大困难。在林内行走，雪深到膝盖，雪的阻力再加上雪下树枝

> 乌苏里江

条的磕绊，非常吃力。我个子比较高，抬腿容易些，俄罗斯专家伊戈尔是个
小老头，身材矮小，走到山上积雪已到他的大腿根，举步维艰。还没有走出
去2千米，大家都已经累得浑身冒汗，气喘吁吁。

　　太阳升起之后，照在晶莹洁白的雪地上，闪闪发光，光的反射让人睁
不开眼睛。向导是当地林场工人，四十多岁，对这里的情况非常熟悉，并且
性格开朗，十分健谈，给人一种亲切的感觉。他走在前面趟路，走在后面的
人就能节省许多力气。刚下过一场大雪，动物的足迹很少，偶尔发现一条
马鹿的足迹链，在深雪中高大的马鹿也会留下足迹的拖痕，在雪上形成有
两条沟。马鹿左右足迹比狍的足迹宽，插在雪里的蹄印也要大很多。黄鼬
栖息于多种生境类型，冬季多在山下阳坡或溪流沿岸灌木丛中活动，因为
身体很轻，常常能够在被风吹过的雪面上行走，可以看见清晰的跳跃式行
走形成的"成对"的足迹链。冬季黄鼬捕食鼠类和鸟类为主要食物，也偷
袭在雪窝中过夜的花尾榛鸡。

　　中午，我们走到一条山沟里，采伐工段有一个林蛙养殖点，我们准备
在那里休息，顺便吃午饭。进入工棚时才知道里面的工作人员也正在准备

> 在伐区工段

吃饭，里面一共3个人，2男1女，女的是承包沟系养林蛙职工的家属，两个男人是附近采伐点的工人。看到我们来了，他们感到很意外，何况还有一个外国人。我们解释一番之后，他们非常热情，非喊我们一起吃饭不可，推托不过，我们便把自带的面包、香肠等食品拿出来一起吃。因为又累又渴，我们只顾喝水，倒在搪瓷缸里的酒谁也没有多喝。山里人既淳朴又热情，把我们当成久别重逢的老朋友一样。过了一会儿，男主人回来了，他说："我在这条沟里养林蛙，常年住在这，又赶上林场在附近采伐，顺便给采伐工人做饭，我去送饭回来晚了，欢迎你们到这里来，咱们干一杯好吧？"说完，倒上满满一大碗酒，一仰脖"咕咚、咕咚"全干了。我们全都感到惊讶，真是好酒量！看那神气不亚于景阳冈上的武松，伊戈尔也伸出大拇指，不住地说："哈拉少，欧钦哈拉少！（俄语音译，意为非常好）"临行前我们在工棚门前留了一张合影，后来托林业局的人将照片捎给这位养蛙的朋友。

下午我们在一个沟塘子里发现一条黑熊的足迹链。足迹沿着山下人和动物行走的路径，走一段后又进入树林中。东北东部山地生存有棕熊和

> 黑熊幼仔 （梁凤恩摄）

黑熊两种，一般来说棕熊体型和足迹都比黑熊的大，棕熊的足迹在东北林区与其他动物足迹相比最大，长度接近30厘米，宽度可达18厘米。黑熊足迹比棕熊的小，并且掌垫较窄，爪印较短。实际上，成年黑熊足迹与东北虎足迹大小差不多，它们的

> 野外调查

区别主要是熊的足迹很长，掌垫后缘轮廓不清晰，也就是说熊的足迹没有"脚后跟"；熊的足迹有爪印，东北虎没有；熊的足迹为5趾，虎为4趾；熊的足迹呈现"内八字"形，而东北虎的足迹总是直线朝前方。到了冬季，熊大多数要寻找适宜的洞穴冬眠，但是也有些个体由于体况较差，脂肪储存不足，或者还没有找到适宜的冬眠场所和受到惊扰，即使到了冬季仍然在森林中游荡。

　　我们断定这是黑熊的足迹，这时向导也来了兴趣，他给我们讲在林区流传的关于黑熊的故事。林区人把熊称为"黑瞎子"，并不是因为它眼睛小看不见东西，而是由于它眼睛上面的长毛遮挡和眼睛只朝前看，看不到两侧的缘故。遇到黑熊只要绕圈跑就能够把它甩掉，居住在林区的人都这么说，却不知道是否有人验证过。过去完达山林区野生熊非常多。在20世纪60年代，一般伐木工人都是将采伐的原条从山上运回到林业局储木场。有一年春节前的一天，东方红林业局储木场工人造材时惊动了在空洞原木中冬眠的黑熊，只见一头大黑熊懒洋洋地从原木空洞中爬出来，一看发现没有森林，全是一堆堆大木头，吓得落荒而逃。干活的工人眼看着黑熊一跳一跳地逃跑了，赤手空拳谁也不敢上前拦截。黑熊既聪明又愚笨，难怪有许多关于黑熊的故事在民间广泛流传。

　　保护东北虎及其栖息地，也是保护其他野生动物的生境。由于人类经济活动的影响，大型兽类栖息地不断被侵占，生境恶化，加上捕捉和偷猎等，近几十年野生熊的分布区在退缩，种群数量明显下降，也是受严重生存威胁的珍稀濒危物种之一。

# 九 · 夜宿七星砬子

完达山脉位于三江平原区，属于低山丘陵。由于完达山由东部向西南延伸，抵达双鸭山和桦南，并且在宝清一带山势低缓，将完达山脉分为东西两部分。这次调查主要是在东部林区做调查样线，因为完达山东部是东北虎最重要的栖息地，经常能够发现东北虎实体和活动痕迹，也有一些东北虎出没伤害人畜的事例。根据我们先前调查掌握的情况，完达山西部已经多年没有发现过东北虎活动痕迹的信息，因此，本次调查把完达山东部作为作重点，西部林区为一般调查区域。

完达山西部过去曾经是东北虎的主要分布区，位于双鸭山市、桦南和集贤县境内，以七星砬子为中心，周边森林面积约4 200多平方千米，适于东北虎栖息，并且通过宝清县森林生态廊道与完达山东部东北虎栖息地相连接。1974年至1976年黑龙江省珍稀动物资源调查，证明这里分布9只东北虎，还有猞猁、紫貂、马鹿、雪兔等国家级重点保护野生动物。该区植被良好，有蹄类动物资源丰富，其他自然条件也适于东北虎栖息活动，黑龙江省人民政府1980年批准建立省级自然保护区，保护区类型为野生动物类型，以东北虎等珍稀濒危物种为主要保护对象。说到七星砬子东北虎自然保护区，我还有一次难忘的经历。

1979年，黑龙江省野生动物保护处抽调专业人员进行三江平原野生动物资源和自然保护区调查，是黑龙江省三江平原农业区划项目的一部分，我随调查队参加了这次调查。在金秋十月我们调查队来到桦南县林业局，对七星砬子保护区进行实地考察。由于当时正在申报自然保护区，都说这里有东北虎，我们想通过考察掌握这里的自然环境，更寄希望于能够发现东北虎的活动痕迹，比如足迹、卧迹、粪便和捕食猎物后留下的残骸等。县林业局负责野生动物保护的老白，四十岁左右，过去爱好狩猎，对当地情况非常熟悉，带我们上山，也是我们野外调查的向导。我们目的地是七星砬子，还要进行野外考察，自然走得不会很快，来回有40千米左右，当天一定赶不回来，必须要在山里过夜，所以老白让我们带上足够的食物、水和夜间宿营的物品。

第二天清早，吃过早饭我们就起身出发。这次调查由黑龙江省林业厅李春源处长带队，参加的人员有东北林学院的高中信、潘紫臣、姜洪海，黑龙江省自然资源研究所的付承钊，黑龙江省野生动物研究所的高志远和我，及程彩云和宋晶两位女同志。10月初的天气，早上仍有一层雾气笼罩在远处的山顶上，日出之前气温较低，能够感觉到微风带来的凉爽。我们沿着山边小路一直向大山深处走去。

没过多久，路过一条大山沟口，有一片种植黄豆的农田，还没有开始收割。我们远远地看见有3头马鹿正在农田附近的草地里采食，因为是清晨，森林和田野一片寂静，没有任何干扰，马鹿采食的样子显得非常悠闲自得。1980年前后，完达山林区野生马鹿种群数量确实较多，基层不断反映"鹿多为患"，局部地区还发生过马鹿毁坏农田、啃食造林苗木的情况。那时候到林区经常能遇见三五只的小群马鹿，可是后来马鹿的数量已经非常稀少，别说在林子里看见马鹿实体，就是连足迹也很难发现。因此，东北林区马鹿种群数量变化的原因也是一个值得研究的课题。

正值秋季，东北的五花山，把森林点缀得绚丽多彩，绿的、黄的、红的和紫的树叶，一簇簇连绵不绝。进入大山，行进在森林中，已经没有路可走，老白在前面领路，大家深一脚浅一脚地向山顶移动。高中信先生在我们当中年龄较大，但是身体很好，爬山并不落后，性格也很开朗，善言谈。我一边走一边和高老师辨认这里的树种，这里山下部多为阔叶混交林和次生林，上部有针阔混交林。主要乔木树种有蒙古栎、山杨、白桦、黑桦、紫椴、糠椴、核桃楸、裂叶榆、黄檗、春榆、水曲柳、色木槭、青楷槭、红松、落叶松。灌木主要有胡枝子、榛子、毛榛子、接骨木、暴马丁香、兴安杜鹃等。林下草本植物如苔草、莎草科、禾本科、蔷薇科、菊科植物较为常见且种类丰富。中午大家聚在一起简单地吃了一点随身携带的馒头、麻花，稍事休息便继续前进。已经翻过了三道山梁，年龄大的队员感到有些吃力，脚步放慢并且气喘吁吁。下午3点多钟，我们调查队队员在向导带领下终于登上了完达山西部主峰七星砬子。

　　七星砬子海拔850米左右，在山顶上高高地耸立一大片石头砬子，远近不等、高低错落、一连串排列着7座全是裸露岩石的山峰，长度有几千米，看起来非常壮观。我们在砬子底下四周搜寻，试图发现东北虎留下的蛛丝马迹。经过2个多小时的搜查寻找，没有发现东北虎栖息的任何活动痕迹，也没有找到东北虎的毛和粪便。在太阳即将落山，天渐渐黑下来的时候，我们在石砬子底下选择一个合适的地方，用木棍靠石壁上搭起斜坡棚架，然后再围上带来的塑料布，用树枝从外边压上，防止被风吹掉，弄些草和树叶铺在地上，上面是塑料布，用来临时过夜。塑料棚靠近石壁一边有一人来高，往外边很低直不起腰，只能坐下。天黑时点上蜡烛，晚饭

> 　在七星砬子合影（1979年）

每人随便吃一点麻花、馒头、熟食、黄瓜、小葱，为了御寒还喝了白酒。晚上逐渐冷起来，大家都穿上羽绒服，说说笑笑，老白给我们讲关于虎、黑熊、野猪的传闻故事。开始还算好过，到半夜一个个都困得不行，熄灭蜡烛一片漆黑，什么也看不见，外面刮起风，吹得塑料布发出哗啦啦的响声。建立七星砬子东北虎保护区，一定是东北虎数量多、活动频繁的地方，观察自然环境和森林植被，也适于东北虎生存，为什么我们没有发现东北虎活动痕迹，这里的东北虎隐藏在哪里呢？夜间我们能不能听到东北虎的叫声呢？夜晚尽管有小棚遮挡，但是仍然寒气袭人，我们蜷缩着身体，裹紧羽绒服，实在是太困了，想着想着就不知不觉地睡着了。

### 东北虎的捕食行为

东北虎捕食猎物时，通常采取潜伏袭击或慢慢接近猎物从后面突然发动攻击的捕食方式。猎捕体型较大的猎物时，东北虎用前爪和牙齿控制住并将其扑倒，咬住喉咙使其窒息死亡，猎捕中小型猎物时，东北虎用两只前爪扑倒的同时用牙齿咬住喉部直接将其致死，猎捕小型兽和鸟类时，东北虎接近时能够迅速用前爪将其捕获。东北虎捕食猎物成功率取决于隐蔽条件和接近猎物的距离，一般情况下，同样的距离东北虎捕食野猪的成功率(54.5%)要比捕食马鹿的成功率高(28.9%)。东北虎在捕杀猎物之后认为安全且不受干扰，则就地进食(47.4%)，有时也会将猎物转移到比较隐蔽的地点吃掉(52.6%)。中等大小的野猪和狍，母虎和它的幼仔通常可以将其吃光，较大的野猪和马鹿，东北虎一次不能吃完时，会守护猎物或者几天内连续来吃猎物。

第二天，大家收拾完随身携带的物品，准备下山，由于没能找到东北虎踪迹，不免有些遗憾。临行之前，我们一起在七星砬子上拍照合影，留作此次之行的纪念。

完达山西部曾经是野生动物资源丰富的林区，20世纪70年代拍摄的纪录片《冬猎》，描述了当时桦南林业局组织冬季集体狩猎，捕获猎物满载而归的喜悦场面。1980年建立七星砬子自然保护区时，野生动物资源仍然比较丰富。直到1991年，完达山西部还有4只东北虎分布于桦南林业局的胜利、新青、长青、永青、七道沟、五道沟及双鸭山林业局的龙爪、红卫林场等地。在该区曾经2次发现过这4只虎。一次是1991年4月，桦南林业局工人李玉善等4人在胜利林场和永青经营所交界处发现2大2小4只东北虎；另一次是同年12月10日，黑龙江省森工总局史航、桦南林业局林政科杜兆明和胜利林场张德召,在胜利林场10、11林班发现2大2小4只虎的新鲜足迹,并且拍下了照片。此后,完达山西部再也没有人发现东北虎的活动痕迹。

2007年5月,中央电视台《走遍中国》栏目组到完达山林区拍摄"寻找东北虎"专题片,记者刘五洲到桦南林业局找到当年拍《冬猎》纪录片的老猎人。这些当年在深山老林中叱咤风云的枪手,如今已是步履蹒跚的耄耋老人。三十多年过去了,丁永福回忆当年在七星砬子周围打猎,野猪、马鹿、黑熊很多,野猪一群就有几十只,也看见过在七星砬子上的2只东北虎。可是现在动物不多了,东北虎也看不到了。真是斗转星移,沧海桑田,如今东北虎早已背井离乡,唯有耸立在山巅的七星砬子,亘古不变,年复一年地接受着风霜雨雪的考验。

国家通过不懈努力地实施天然林保护工程,对东北虎进行保护和拯救。希望在不远的将来,森林能够得到恢复,有蹄类动物不断丰富,东北虎潜在栖息地之间生态廊道在有效的保护管理下,增进分布区之间的连通性,也许东北虎能够重新回到它们久别的家园。

# 十·神顶峰遇险

在东方红林业局进行东北虎调查,开始的时候我们小组驻扎在东方红林业局五林洞林场。五林洞在行政区划上是饶河县的乡镇所在地,该林区也就属于饶河地界。西面是神顶峰东侧青山林场,北面是大岱林场,南面是永幸林场,都是东方红林业局施业区,行政区则属饶河县管辖。东面是乌苏里江,江上靠近我国一侧有一个面积大约1平方千米小岛,这就是著名的珍宝岛。珍宝岛与五林洞之间距离30千米左右。五林洞调查结束后我们又到青山林场继续调查,青山林场山高林密,神顶峰周围人迹罕至。

> 完达山神顶峰

> 野外调查

　　神顶峰是完达山东部茫茫林海中最高的山峰，海拔831.7米，东北的山脉虽然不高，但是围绕在神顶峰四周的崇山峻岭，却绵延数十里，纵横交错，进入森林往往让人辨不清身在何处，即使当地人也经常弄不清东西南北，迷失方向。

　　从1999年1月29日开始，按照预先制订的调查样线计划，我们每天都是早晨天刚亮出发，晚上天黑之前返回驻地。有时候由于雪太深，路途远，晚回来一两个小时，也属正常。可是有一天我们却发生了意外，深更半夜才返回到驻地。

　　1999年2月1日，我和伊戈尔·尼古拉耶夫、林场派的向导小张，加上为了保证安全林场给我们配的一个20多岁的边防连队新兵一起去做调查。样线是神顶峰东侧永幸和青山施业区。和往常一样，事先和向导一起在地图上看一下路线，估计完成调查样线所用的时间，以便掌握行进的速度。

　　林子里的雪很深，一般都在40~50厘米，最深的地方超过60厘米，走在前面的人要把雪趟开，比较费力，后边的人踩着脚印走，能够省些力。

进山之后大约走了2千米，在沟塘一侧山边林子里发现2条足迹链，是新鲜足迹，早晨刚刚走过去的。我和伊戈尔都对足迹进行仔细观察，因为雪太深，足迹在雪中留有蹚雪痕迹，雪窝里看不清掌和趾的印迹，只好向前跟踪，直到能看清楚为止。这是1大1小2只动物的足迹，小的身体轻，在风吹过的硬雪地方足迹留在上面，大的因为体重大，较硬的雪壳也被踩塌下去。大的足迹走正常直线，小的足迹则忽

> 马鹿的足迹链

左忽右，似乎边走边玩。根据足迹掌垫和趾的排列和形状，无疑是猫科动物，掌垫和4个趾垫的边缘很清晰，我们拿出卷尺进行测量。根据以往的经验，一般来说，东北虎足迹成年雌虎掌垫宽度在9.5～10.5厘米，成年雄虎掌垫宽度在10.5～12厘米，能够跟随雌虎活动的幼虎掌垫宽度应在5厘米以上，达到7.5～9厘米则视为亚成体。成年雌性豹的足迹掌垫宽度为6～6.5厘米，成年雄性足迹掌垫宽度在6.5～7厘米。成年雌性猞猁足迹掌垫宽度在5～5.5厘米，成年雄性足迹掌垫宽度在5.5～6厘米。通过对足迹大小的测量，我认为是猞猁的足迹，因为两条足迹是1只母兽带1只幼仔一起活动，大的母兽掌垫宽度比豹的要小一些，仔兽的足迹掌垫宽度就更小。伊戈尔多年在野外从事东北虎和远东豹生态研究和数量调查，经验相当丰富，对远东地区分布的兽类非常熟悉。没想到他却问我："孙海义，这是什么动物的足迹？"显然是想考考我。我说："这是2只猞猁，母兽带

> 森林中的积雪

着它的孩子。"他点点头说："对,是猞猁,一大一小。"然后我们将发现足迹的位置、测量数据和生境等详细记录,再继续进行调查。

翻过了两个山岗,发现了几条马鹿和狍的足迹。接近中午,我们都累得浑身冒汗,有些走不动了,大家停下来,找了条小河,在河面中间开阔的地方,弄点干枝条点上火。伊戈尔带有可以烧水的小铁壶,架起水壶一边烧水,一边烤馒头、面包和火腿肠。中午吃饭也算是休息。俄罗斯人具有良好的环境保护意识,每天在山上吃完饭,伊戈尔总是把食品塑料包装袋收起来放到背包里带回去,或者扔到火堆里烧掉,我们也都这样做,总是把自己吃完食品的包装袋收拾干净,临行之前用雪把火彻底熄灭。

我们顺着山沟向山顶做调查,下午3点多到达山梁上边。因为东北1月份白天时间短,下午4点多天就黑了,我就跟向导小张说:"现在我们应该往回走,争取用1个小时走出林子,上到最近的公路。"小张指着左前方说:

"没问题，下到沟底就是公路。"我觉得有些不对，按来时走的路线方向，应该向右过山岗才能到公路，就对小张说："我们应该向右走，才能下到山底。"可是他仍坚持向山下走，并且保证不会错。伊戈尔和小战士没有说话，我们就按照向导意见往山下去。到山底时天已经黑了。沟底哪里有公路，全是树林子，对面还是大山。这时向导也很着急，也不知道这是什么地方，如果顺沟向下走，不知道有多远，怎么办？大家一时紧张起来，这时跟我们来的小战士也慌了，紧紧握着手里的自动步枪，如临大敌一样，害怕出现危险。

我们一起商量了一下，决定还是向右翻过山梁，下去可能就是公路。这时大家鼓足勇气再向右面山上爬。我先在前面带路，雪很深，又是上坡，天又黑，一步一步往前走，一个跟着一个。森林里静悄悄，只有踩在积雪上发出的声音和我们的喘气声。伊戈尔看我累得走不动，他又到前面蹚雪，遇到一片闹瞎塘，低矮灌丛密密麻麻，他在前面用手扒拉开枝条往前钻。我们4个人轮换在前面蹚路，都跟紧了，谁也不掉队，好不容易上到山顶。上边是漫岗，前两年采伐迹地，草丛中萌生一簇簇低矮的柞、桦枝条，我们加快脚步，几乎是小跑，还几次惊动了隐藏在草丛中的雪兔，吓得它们一溜烟跑远了。过了一会，到了山梁边，已经很晚，停下又感觉很冷，要是回不去在山上过夜，又饿又冻恐怕不行，只好继续往前走，可以活动身体不至于被冻坏。这时，我们想起来让小战士开了两枪，也许来接我们的人听到枪声，汽车会鸣笛，我们就能找准方向。

我们一边向山下走，一边注意听远处有没有回应。没过多久，真的听到了汽车鸣笛声，再往下走也看到了汽车车灯的亮光。这时大家别提有多高兴了，赶紧奔向公路。在林场的其他人也在为我们担心，接我们的车已经在这条路上跑了好几个来回。

接近半夜，我们终于回到了林场驻地，好在有惊无险，虽然都已精疲力尽，却为没有被困在深山忍受寒冬之夜而庆幸。

# 十一 · 调查结果

　　艰苦的外业调查结束之后，我们和外国专家又返回到中俄边境小城绥芬河市，进行外业调查总结和一些内业工作。大家分工进行整理，填写调查表格，绘制调查样线图，整理分析访问调查记录，在地图上标注发现东北虎和豹的位置，分析不同分布区东北虎和豹的种群数量，初步统计分析不同调查区域有蹄类动物的种群密度等。外业调查工作顶风冒雪非常辛苦，内业工作起早贪黑也并不轻松。

　　大家坐下来总结讨论东北虎调查结果时，对老爷岭和张广才岭东北虎和豹的分布与数量基本达成了一致的意见，但是，对完达山东部东北虎的数量却产生了一些分歧。完达山东部林区究竟有没有东北虎分布？如果有，东北虎分布数量是多少？我们与美国和俄罗斯的专家反反复复地争论了足有2天时间。原因是在东方红和迎春林业局东北虎主要分布区做了31条样线，没有发现东北虎的足迹和其他痕迹，外国专家明确表示，完达山林区可能没有东北虎，即使有东北虎也不过1~2只。他们并不否认访问调查中近期曾经发现东北虎活动的信息，但认为信息的可信度不高。我们坚持不同意他们的意见，认为估计的数量偏低。理由是虽然在样线调查中没有发现东北虎的足迹，但是1997年至1998年在该地区发现东北虎信息有26次，并且发现有1只大虎和1只小虎一起活动的足迹链，如果有1个家族群的话应该有超过3只东北虎。其次，这次调查正赶上刚刚下过一场大雪，雪深达到70厘米，不论是野外调查还是野生动物的活动都会受到很大限制，没有发现东北虎足迹主要是受深雪和刚下过雪的影响。另外，中国与俄罗斯相比东北虎数量已经很稀少，并且该林区的面积很大，调查样线也许会错过东北虎的活动路线和区域。争论最后结果是，暂时不做最后结论，后续还要做补充调查，发现确凿证据后再确定数量。

> 　在绥芬河参加内业汇总的调查人员合影（1999年）：前排左起为关国生、伊戈尔·尼古拉耶夫、戴尔·麦奎尔、于孝臣，后排左起为张恩迪、尤里、皮库诺夫、孙海义

　　对东北虎进行补充调查时，1999年10月至11月期间，在完达山东部林区连续5次发现东北虎足迹，也曾有人见到了东北虎实体。10月20日，在东方红林业局奇源林场26林班发现东北虎新走过的足迹链，根据足迹判断可能是雌虎；10月21日，在五林洞林场81林班有人见到1只东北虎，次日到现场发现了1只成年虎和1只亚成体虎共2条足迹链。11月7日，在青山林场5林班发现1只虎的足迹和卧迹。11月5日，在迎春林业局五泡林场18林班发现1只虎的足迹，并且当地人反映该林场18河22林班经常有虎迹和食物残骸。

　　中、美、俄东北虎专家联合进行的黑龙江省东北虎和豹调查，向林区分发调查问卷230份，反馈66份，关于虎的信息有27份，豹的信息有9份，其他动物信息有30份。走访当地居民120余人，获得东北虎信息有76条，其中61%是1994年至1999年内发现的，1998年至1999年有价值的信息有26条，豹的信息有18条。野外调查涉及6个林业局，25个林场，共布设调查样线67条，样线总长度606.4千米。

> 1999年黑龙江省东北虎和豹的调查及其保护对策

调查结果为，黑龙江省分布的东北虎数量有5~7只，其中，老爷岭南部1~2只（1只可能为雄虎，另1只未确定个体及性别），完达山东部3~4只（2只雌虎和1只亚成体，另1只不确定个体，可能是雌虎），张广才岭南部1只（雄虎）。豹的数量为3~5只，主要分布于老爷岭林区的穆棱、绥阳和八面通林业局，张广才岭的林口和大海林林业局。根据样线调查结果统计分析了不同调查区域东北虎猎物种类和有蹄类动物分布及相对丰富度。本次国际合作调查结果整理成黑龙江省野生动物研究所编写的《1999年黑龙江省东北虎和豹的调查及其保护对策》，根据黑龙江省东北虎及栖息地现状，受威胁的主要因素，提出了东北虎和豹保护管理规划和建议。

1998年，吉林省进行了东北虎国际合作调查，在延边地区发现了4~6只东北虎。随后进行了补充调查，确定吉林省分布的东北虎有7~9只。

从黑龙江省东北虎调查数据来看，在当时过去的10年间，野生东北虎的数量从1990年的10~14只下降到5~7只，数量降低50%，伴随数量减少，分布区也在大幅度退缩，调查证明完达山西部和张广才岭北部东北虎已经绝迹。

通过在吉林省和黑龙江省进行的野生东北虎国际合作调查显示，我国野生东北虎的数量已经下降到濒临绝迹的边缘，并且分布区也被隔离为孤岛状。且存活的多为零星的游荡个体，东北虎的命运令人担忧。《文汇

> 2000中国哈尔滨东北虎野生种群恢复计划国际研讨会

报》记者曹家骧通过对参加调查的专家采访,在《文汇报》上发表了题为《最后的东北虎——对野生东北虎的一次最新调查》文章,报道了野生东北虎的生存现状,呼吁必须尽快对其加强保护。"采访的结果令人瞩目:眼下,中国野生东北虎的分布区较20世纪90年代初又有明显的退缩,目前主要分布于老爷岭南部和完达山东部的中俄边境地带,完达山西部和张广才岭北部的野生东北虎可能已灭绝,野生东北虎种群最多仅存10余只。其他地区尚无法证明野生东北虎种群的存在。而有的专家则认为,'野生东北虎在中国已经技术性灭绝'。显然,采取措施加大对我国野生东北虎的保护力度,已刻不容缓。"文中对当时的情况如此描述。

2000年10月,在国际野生动物保护学会(WCS)的推动下,在国家林业局的支持下,由黑龙江省林业厅主办,在哈尔滨召开了"2000中国哈尔滨东北虎野生种群恢复计划国际研讨会"。这次会议是在我国首次召开的大规模东北虎保护专题国际会议,参加研讨会的代表有来自6个国家的65位专家、官员。会议在充分交流中国黑龙江省和吉林省野生东北虎现状的基础上,对东北虎保护策略进行了认真的研讨。在国际野生动物保护学会倡导下,与会者共同制订了一份"中国野生虎种群恢复行动计划",作为进一步实施东北虎保护的指导性技术方案。

# 第六章

# 东北虎的监测

东北虎是大型捕食性兽类，不仅数量稀少，而且行踪隐蔽，找到它们很困难。实践证明，通过建立信息监测网络，专业技术人员和基层监测员相互配合，在东北虎分布区常年收集东北虎活动留下的足迹等信息，是分析种群变动的有效方法。多年的连续监测，逐步揭开了东北虎种群数量、分布范围、捕食活动、生态廊道、人虎冲突等秘密，监测期间也发生了许多鲜为人知的故事。

# 一·东北虎的网络监测

从2000年开始，我们连续在黑龙江省开展野生东北虎种群监测。只有通过监测才能掌握东北虎的分布和种群数量动态，了解东北虎栖息地现状和致危因素，这是野外东北虎种群保护与恢复的基础，也是非常重要的工作。

虽然通过调查已经知道野生东北虎的种群数量非常稀少，并且分布于完达山东部、老爷岭和张广才岭南部，但是东北虎是林区大型捕食性动物，活动范围很大，实施严密的监测有一定难度。监测区域涉及3个不同的山系，包括8个森工林业局和9个地方县市林业辖区。如果采取冬季野外调查监测方法，不仅要耗费大量人力和经费，而且由于东北虎的数量稀少，活动区域大，种群不稳定，难以达到预期效果。于是，我们根据这种情况研究制订黑龙江省野生东北虎种群监测网络，通过建立监测点，选择培训可靠的监测员，全面收集当地东北虎信息，通过热线电话联系，专业技术人员及时到现地进行核查的方法，实现对东北虎的分布和数量的有效监测。

我们首先将东北虎现有分布区按完达山东部、老爷岭南部、老爷岭北部和张广才岭南部划分为4个监测区。以往调查结果表明，由于不同山系之间距离遥远或者道路、农田和居民点等人为阻隔，每一个监测区分布着独立的种群，只要我们确切掌握每一个区域东北虎的分布与数量，就可以统计出黑龙江省东北虎的种群数量。划分出大的监测区以后，我们又根据每个监测区的行政区（施业区）划分为12个重点监测区。在监测区域内根据近年来曾经发现东北虎活动的位置，来确定实施东北虎监测的范围，作为具体的监测样点。监测样点必须是一个独立的行政管理区或林业系统的单元施业区，每一个监测样点的监测范围一般以林场的施业区为界，最终将可能有东北虎活动的范围确定为38个监测样点。

东北虎监测人员由专业技术人员和当地监测人员组成,在野生动物保护管理部门支持下,组织协调建立监测网络系统。专业技术人员经常到监测区与当地监测人员共同进行野外监测,并且指导当地监测员工作和收集相邻地区东北虎的信息。我们尽量选择热衷于野生动物保护事业的职工为监测员,他们了解当地自然情况,具有狩猎经验并且熟悉当地的野生动物,尽管这样也还要对监测员进行必要的资料收集技术培训,以保证工作的顺利进行。初步确定每年10月至翌年3月为重点监测期,除收集东北虎活动信息外,还要定期按固定样线调查,其他时间为一般监测期。通过调查搜集并现地核实东北虎足迹、粪便、卧迹、食物残骸和生境等数据,统计分析确定东北虎的分布和数量。

2000年至2001年,开始筹备进行东北虎监测,购置一些必备的仪器设备如照相机、全球卫星定位仪和测量工具等,联系监测员,建立监测点,取得了初步成效。2002年开始得到国家林业局保护司的资助,又得到黑龙江省林业厅和森林工业总局野生动物保护管理部门的协助,黑龙江省东北虎野外种群及有蹄类动物的监测工作持续开展。

虎是非常可爱却又令人恐惧的动物,它很漂亮,因为毛皮华丽带有黑黄镶嵌的条纹;它很绅士,因为举止优雅又不失威风八面的风度;它很勇猛,因为捕食猎物敢于勇往直前的攻击;它很孤僻,因为占山为王喜欢在茫茫林海中独来独往。在野外监测中,我们并不是非要看见东北虎才行,只要我们能够发现并且做到准确识别它的足迹,就达到目的了。在正常情况下,野生动物是不会主动攻击人的,除非是受过伤害、与人近距离相遇、繁殖期护仔等特殊情况。东北虎的足迹在野外容易被识别,猫科动物与其他动物的足迹迥然不同,在我国东北所有猫科动物中虎的体型最大,足迹也大,与其他种类差别显著。野外监测中最重要的是测量记录东北虎足迹的大小,虎的足迹在后部有1个大的掌垫,前方有4个小的趾垫,虎在行走时爪收缩起来,在趾端看不到爪痕。足迹呈圆形,前足足迹宽大于长,后足足迹长略大于宽或长宽相近。测量时不仅要测量虎足迹的大小,更重要的是测量其掌垫的宽度,这是一个非常重要的数据。因为虎在行走时由于基底不同,脚趾的伸缩足迹大小略有变化,而掌垫宽度是固定的不会有伸缩。为了减少测量过程中产生的误差，一般要选择测量4～5个清晰的足迹，求平均数作为测量值。同时测量正常行走的步距，用来作为区分不同个体的参考指标。

　　同一地区虎分布数量的确定和个体判别，首先是看掌垫的宽度，不同个体掌垫宽度存在差异；其次是根据足迹产生时间、走向和发现足迹之间的距离，来确定是否是同一个体；第三，如果是2～3只虎一起活动的足迹，呈现1大1小或1大2小，可以推测为1只雌虎带领1~2只幼虎或亚成体，但是在冬季雌虎发情期，也有可能发现雌雄2只虎一起活动的足迹，这时较小的足迹掌垫宽度应该大于10.5厘米，较大的足迹掌垫宽度应大于11.0厘米；第四，可根据监测区内雌虎的领地范围，发现足迹地点和不同家族群的关系来确定个体数量。

　　在连续多年的野外东北虎种群监测过程中，我们不断对监测网络和监测员进行调整，每年都能够获得许多的东北虎活动足迹数据。实践证

> 　东北虎捕食猎物后留下的残骸

| 山系 | 重点监测区 | 监测样点(林场、乡镇) |
|---|---|---|
| 完达山东部 | 1.东方红林业局 | 1.奇源　2.青山　3.五林洞　4.海音山　5.河口　6.永幸　7.大岱　8.独木河　9.五泡 |
| | 2.迎春林业局 | |
| | 3.饶河县 | 10.西林子　11.大通河　12.西通 |
| 老爷岭南部 | 4.绥阳林业局南部 | 13.三岔河　14.暖泉河　15.中股流　16.三尖砬子　17.寒葱河　18.柳毛河 |
| | 5.穆陵林业局 | 19.代马沟　20.三新山　21.共和　22.龙爪沟 |
| | 6.东宁市 | 23.二段（老爷岭北部）　24.道河 |
| 老爷岭北部 | 7.绥阳林业局北部 | 25.双桥子 |
| | 8.八面通林业局 | 26.老黑山　27.桦木 |
| | 9.鸡东县 | 28.四山 |
| 张广才岭南部 | 10.东京城林业局 | 29.尔站一　30.尔站二　31.北沟 |
| | 11.大海林林业局 | 32.七峰　33.柳河　34.前进　35.海浪　36.海源　37.二浪河 |
| | 12.山河屯林业局 | 38.红旗 |

**黑龙江东北虎野外监测样点的划分**

明,大型捕食性兽类活动范围较大而且数量稀少,建立监测网络,专业技术人员和基层监测员相互配合,在监测区域常年收集东北虎活动信息是一种有效的监测方法。

2000年至2006年期间,在黑龙江省共计监测到东北虎活动足迹117次,监测到的次数呈现逐年增加趋势,总体上看东北虎分布区仍然是在逐渐退缩,如张广才岭南部东北虎已经不见踪迹,然而,在完达山东部、老爷岭南部东北虎种群数量有逐年增多的趋势,东北虎的数量从5~7只增加到10~14只,老爷岭北部又重新发现了东北虎栖息活动。东北虎主要捕食的猎物野外监测结果仍然很低,尤其是近年来马鹿种群数量下降非常明显,不能满足东北虎对食物的需求。

> 测量足迹

# 二 · 虎迹重现凤凰山

　　1999年进行冬季东北虎国际合作调查时，在老爷岭北部没有发现东北虎活动痕迹，访问调查的结果也显示将近20年没有东北虎栖息活动的直接证据。因为在老爷岭北部还有一大片保存完好的森林，具备东北虎等大型兽类生存和活动的自然生境，我们称之为东北虎的潜在分布区。果然，在后来的东北虎种群监测中，老爷岭北部确实发现了东北虎活动痕迹并且呈现家族式种群，这不仅为我国野生东北虎保护增添了信心，也为野生东北虎的种群恢复带来了新的希望。

>凤凰山自然保护区办公楼

老爷岭北部凤凰山国家级自然保护区位于鸡东县境内，地理坐标为东经130°58′11″至131°18′50″，北纬44°52′03″至45°05′28″，属森林生态系统类型自然保护区，总面积为265.7平方千米。保护区始建于1989年，为县级松茸自然保护区，2002年4月晋升为省级自然保护区，2006年2月晋升为国家级自然保护区。主要保护对象是温带针阔混交林生态系统和珍稀动植物。据统计区内共有野生植物700多种，隶属于137科394属，其中有国家重点保护植物如东北红豆杉、兴凯松、松茸、紫椴、水曲柳、野大豆、黄檗、红松、浮叶慈姑等。有陆生脊椎动物343种，国家重点保护野生动物有东北虎、原麝、棕熊、黑熊、猞猁、马鹿、金雕（*Aquila chrysaetos*）、鸳鸯等。

2003年春天，我们开展东北虎野外种群监测期间，来到老爷岭北部的鸡东县凤凰山自然保护区。蜿蜒曲折的山路，汽车一路颠簸，不时带起阵阵尘土。保护区管理处李主任热情地接待了我们，当知道我们的来意之后，便滔滔不绝地给我们介绍自然保护区和东北虎的情况。

在1965年秋天的一个下午，5点左右，驻守西南岔林场十间房的森林警察段顺祥，携带步枪去平房林场，当他走到石砬子附近时，突然发现一群野猪在拼命奔跑，他连开两枪，打死1头野猪。就在这时，1只体型硕大的东北虎朝他猛扑过来，他急忙开枪，打死了东北虎，此前他可能不知道是东北虎正在追赶这群野猪。1971年秋，鸡东县知青阎树勤、李家明、吴文仁等人为建设新四山备料，在四山林场西边的采石场打石头，下班后抄近路往回走，在距离场区大约1.5千米处，发现1只东北虎趴在沟边。他们吓得转身就跑，跑了一会儿，见东北虎没有追上来，而且闻到有臭味，断定那是只死虎，于是返回沟边，发现果然是只死虎，身长超过2米。1973年冬，鸡东县鸡林乡鸡林大队养蜂场宣姓看护员听见屋外的狗发出惨叫，连忙拿起猎枪装上子弹跑出屋，看见1只东北虎正在咬狗，于是向东北虎射击，将其打死。鸡东县林业科的工作人员得知消息后，将死虎收缴运回鸡东，这件事在当时成为当地一大新闻，引来许多人观看。

凤凰山自然保护区群山连绵，茫茫林海中生存着数不尽的珍稀野生动植物，其中松茸和红豆杉算得上是最著名的珍稀物种。松茸在东北通常

> 中俄边境线隔离带

被称为松口蘑、松蘑，是一种非常名贵的食用真菌。据说松茸仅生长于有赤松分布的森林中，因为保护区生长大片兴凯松，所以这里盛产松茸。松茸不仅营养丰富，粗蛋白、粗脂肪、可溶性无氮化合物、多种维生素、钙、磷、铁等含量较高，据说还有很高的药用价值，有强身、益肠胃、止痛、理气化痰、驱虫等功效，还有治疗糖尿病及抗癌等作用，被称为"食用菌之王"。

保护区内有一处著名景点"卧虎峰"，峰下有一眼清泉，当地人称为"虎泪泉"，据说是当年由虎的泪水汇集而成。古时候，泉眼东边有一水池，周围用石头砌筑，池壁上镶虎头模型，泉水从虎目中涌出，旁边还立着一块记载虎泪泉故事的石碑。传说天宫的太上老君见里连河山南边的石壁充满灵气，生长着许多生命力极强的各类松树等植物，是练长生不老仙丹的理想之地，便建台架炉，积年累月采来石壁上的松树炼丹。没想到

> 东北虎捕食野猪现场（卢向东摄）

　　有一天，一只幼虎出来玩耍，不小心撞到炼丹炉上，不幸身亡。虎妈妈悲痛欲绝，加之石壁上的植物日渐稀少，食草类动物骤减，靠捕猎食草动物为生的虎感到生境受到严重破坏，难以度日，为此流下了伤心的眼泪，滴滴虎泪汇成涓涓细泉。后来，为了家族的繁衍生息，虎妈妈无奈决定结队迁移，远走他乡。直到许多年之后，太上老君炼丹完毕，这里又绿树成荫，马鹿、野猪成群，虎家族重新返回故里。

　　2004年12月27日，我正在外地出差，黑龙江省林业厅陶金处长电话告诉我凤凰山自然保护区发现东北虎活动痕迹，于是我联系卢向东赶紧去现场进行核查，掌握东北虎的活动情况。那段时间，保护区巡护人员赵贵在四山林场56林班等处巡查，曾经连续几次听到过东北虎的吼叫声，引起了他的注意。12月24日在山上巡护途中他突然发现不远的上空有几只乌鸦盘旋、鸣叫，觉得有些异常，估计可能有死亡的野生动物尸体。经过几番寻找，终于在保护区137林班1小班内发现一头野猪被啃食得只剩下头、尾和部分皮毛、骨头，估计野猪的重量在150千克以上。野猪被捕食的位置在半山腰，处于地势较为平缓的蒙古栎林，搏斗现场有5～6平方米的雪地已被踩平，雪地上留有东北虎的足迹。根据对足迹的跟踪观察、测量和分析，现场至少有2只东北虎，可能是一个东北虎的家族式种群。

凤凰山自然保护区中俄边境线长度有46千米。发现东北虎捕食野猪的地点距离边境大约10千米。由于边境没有天然屏障和

**东北虎的猎物丰富度**

东北虎的猎物丰富度是东北虎赖以栖息活动的基本条件之一，调查监测研究表明我国东北虎栖息地有蹄类动物种群密度较俄罗斯普遍偏低。2003年至2004年调查评估黑龙江省东北虎潜在分布区有蹄类动物相对丰富度（单位：只/平方千米）为：完达山野猪0.57，狍1.34，马鹿0.32；老爷岭南部野猪0.39，狍0.83，马鹿0.26；老爷岭北部野猪0.38，狍0.76，马鹿0.15；张广才岭南部野猪0.32，狍0.81，马鹿0.22。同期在吉林珲春自然保护区进行的有蹄类动物相对丰富度（单位：只/平方千米）调查结果，野猪0.03，狍1.27，马鹿0.58，梅花鹿0.08。同一期间对完达山林区有蹄类动物调查研究表明，1989年至2002年的13年间，有蹄类动物种群数量变动较大，年平均递减率为：马鹿13.48%，狍12.69%，野猪1.89%。

> 剩下的猪尾巴和猪毛（卢向东摄）

> 东北虎的足迹链

人为隔离设施，相互连接的山脉和森林为野生动物提供了自由活动的通道。尤其是连续多年保护区内加强了对动植物资源的保护管理，禁止狩猎，加上天然林资源保护工程的实施，人为干扰因素大幅度减少，森林和野生动物资源得到明显恢复，为东北虎栖息、觅食活动提供了良好的自然条件，久违的野生东北虎又重新回来了。

# 三 · 雪夜惊魂

　　自从鸡东凤凰山自然保护区发现东北虎之后,老爷岭北部林区东北虎也频频出现,显示该区多年不见的野生东北虎确实又回来了,给我们坚持开展东北虎野外监测带来几分意外的惊喜。

　　2005年12月13日上午,黑龙江省林业厅动管处黄俊洋给我打电话,告诉我东宁县发现老虎捕食耕牛的事件。我和卢向东当即决定立即赶往东宁县实地勘察东北虎捕食家畜现场。第二天清晨到达东宁县,当地林业局高成彪科长、王强、李伟岩等人和我们一起去现场。高科长对我们说:"东北虎在绥阳镇新民村北沟捕食一头牛,那是前几天的事,前天又发现东北虎在绥阳林业局双桥子林场仙人桥附近吃了羊,我们先去察看吃羊

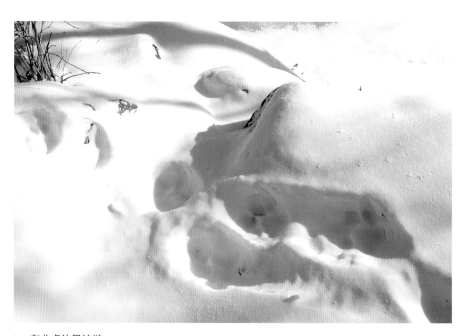

> 东北虎的足迹链

> 羊被虎捕食后的剩余物

的地方，回来再去看捕食牛的现场。"随后我们开车直奔双桥子林场，不到80千米路程，很快就到了。仙人桥距离绥阳镇大约40多千米，山脚下靠河边有一处简易泥土房，房前几米远就是道路，路边是有许多石头砬子的大山。这里是林场职工多种经营点，夏季也有镇里的人到这来登山旅游。冬季经营点闲置不用时，就用来养了6只山羊，雇了一个人在这看房和饲喂羊。看房的人叫王家富，五十来岁，一副惊魂未定的样子，看见我们来了，给我们讲述东北虎来过那一夜的情景。

12月10日晚上，跟平常一样，吃完晚饭天就黑了。晚上8点半左右王家富弄柴禾烧炉子，大约9点多钟的时候，发现屋里的大花猫有些异常，突然从炕上跳到冰箱上。没过多久，就听见外面传来低沉又巨大的吼叫声，并且声音越来越近。他听叫声估计是来了东北虎，别的动物不会发出这么瘆人的叫声，心想这下可完了，东北虎到了房子跟前，东北虎轻轻一掌就能将简陋的门窗打烂后窜进来。他吓得头皮发麻，浑身战栗，连大气也不

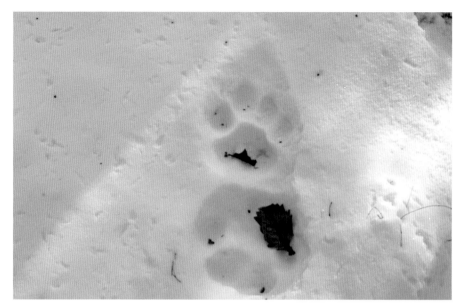

> 发现的虎足迹

敢出，他悄悄地捡起门口的一把斧头，攥在手里，站在门边上，一动也不敢动，如果东北虎进来，只好跟它拼命。再听没有什么动静，王家富放下斧头，找出纸和笔，在昏暗的油灯下战战兢兢地写了半页，放在桌子上。他一边讲一边顺手把那张纸拿出来给我们看，说这是"遗书"。幸运的是东北虎并没有到泥土房跟前，过了一会，就听见前面山上有羊的叫声。知道前面山上的羊是被虎吃了，他只好待在屋里，心惊肉跳，不敢出去，一晚上没敢睡觉。山上不远处有一块向外伸的大石头碴子，石头下面没有雪，平常晚上养的羊趴在石头底下过夜，远处是一个天然的羊圈。因为害怕东北虎，羊被吃了多少只，到现在他也没敢去看。我们听完王家富讲的整个过程之后，决定去勘察现场，寻找东北虎的活动痕迹。

　　一出门，我们就在道路的旁边发现了东北虎走过的足迹。东北虎是沿着道路上来的，走到小房子跟前有短暂的停留，与房子距离不到20米。然后顺路向上走大约150多米，过道上山，足迹直奔山羊过夜的石碴子。虽然飘过一层很薄的轻雪，足迹仍然非常清晰，可以断定是只东北虎。足迹大小15厘米×16厘米，掌垫宽度10厘米，步距65～70厘米。跟着东北虎的足迹我们爬到半山腰的事发现场，在离石砬子10米远有东北虎捕食山羊的痕迹，一大片雪地已经被扑平了，乱七八糟的脚印看不出个数，中间有一只羊被虎吃掉后仅剩下羊头、蹄和皮，旁边是一堆胃内容物，还有乌鸦来啄食留下的痕迹。王家富说6只羊仅找回1只，被吃掉1只，其余4只没了踪影，我们在周围找了很长时间也没有发现羊的踪迹。

下午，我们到绥阳镇新民村找到养牛户陈宝忠，到他家时他刚赶着一群牛从村外回来，院子里还放着被东北虎捕食的那头牛的尸体。牛的后半截和前肋被吃掉大约50千克肉。老陈颇带着几分惋惜地说："真没想到离家这么近，大白天的就能来东北虎把牛给吃了。"随后又说："吃就吃了吧，也算为保护东北虎做点贡献。"12月6日晚上，他发现少了一头牛，第二天就到附近山上农田地边的树林子里去找，结果牛死在距离村庄大约2千米远的人工落叶松林内，两边是农田地。我们到现地勘察，东北虎捕食牛的搏斗现场还有一个牛尾巴落在地上，100多平方米的面积布满了东北虎和牛的蹄印，混乱一片，很难分清楚哪个是虎的足迹，哪个是牛的足迹。可以想象牛被捕食时拼力挣扎的场面，也许这只虎还是第一次捕食牛，开

> 被虎捕食的牛

始时有试探性攻击。我们找到东北虎离去时在农田地里留下的足迹，顺着足迹跟踪到山边一片树林里，有一片被东北虎踩乱的足迹和一个卧迹，仔细观察发现几根虎毛和雪上的几滴血迹。再跟着足迹往上找，发现并不是1只东北虎，而是2只。体型大的东北虎足迹16厘米×17厘米，掌垫宽度12.5厘米，推测应该是1只雄虎。另1只虎足迹15厘米×16厘米，掌垫宽度11厘米。在山包小道雪地上也留下清清楚楚2只虎的足迹。

经过现场勘察分析推测，是2只虎同时将牛捕食，体型大的那只是成年雄虎，另一只可能是成年雌虎，捕食现场留下1大1小2只虎的足迹。被捕杀的牛后臀部和前边肩胛部的肉被东北虎吃掉许多。12月是东北虎发情交配期，这对"夫妻"虎饱餐之后，离开捕食现场，穿过农田来到200多米远的山岗上，在一片密集的小树林里发生交配行为。因为雪地有卧迹和掉落的虎毛，推测有可能东北虎交配时，雄虎叼住雌虎的后颈部，结束后雌虎站起来全身抖动后离开，才会在卧迹发现掉落的虎毛。而12月6日在双桥子林场仙人桥捕食山羊的那只老虎，足迹较小，掌垫宽度为10.0厘米，估计是刚刚离开母虎的亚成体。

依据实地信息分析推测，连续2次发现的东北虎是3只不同个体，也就是说有3只虎在这一带活动，并且很可能是一个家族群。这个家族群正处于幼虎已经学会捕食即将离开母虎的过渡阶段，而且母虎已经又开始发情交配了，东北虎家族的一个新的繁殖周期正在拉开序幕。

| 2000年至2006年黑龙江东北虎数量监测结果统计表 | | | | |
|---|---|---|---|---|
| 年　度 | 足迹信息数(个) | 估计个体（只） | | 全省估计数（只） |
| | | 雄 | 雌 | 亚成体 | |
| 2000—2001 | 16 | 1~2 | 3 | 1 | 5~6 |
| 2002—2003 | 19 | 3~5 | 3 | 1 | 7~9 |
| 2003—2004 | 25 | 3~5 | 3 | 3 | 9~11 |
| 2004—2005 | 29 | 3~5 | 4~5 | 3~4 | 10~14 |
| 2005—2006 | 28 | 4~6 | 4~5 | 2~3 | 10~14 |

# 四·珲春自然保护区

在"2000中国哈尔滨东北虎野生种群恢复计划国际研讨会"推动下，2001年10月，吉林省率先批准成立了珲春自然保护区，这是我国进入21世纪以来建立的第一个以野生东北虎、豹及其栖息地为主要保护对象的自然保护区，2006年7月晋升为国家级自然保护区。珲春东北虎国家级自然保护区位于吉林省延边朝鲜族自治州东部，中、俄、朝三国交界地带，东部与俄罗斯波罗斯维克、巴斯维亚2个虎豹保护区和哈桑湿地保护区接壤，西南与朝鲜的卵岛和藩蒲湿地保护区相邻，北部与黑龙江绥阳林业局相连，总面积1 087平方千米。

> 珲春老虎节

> 研讨班野外实习合影(2002年)

保护区处于欧亚大陆边缘，濒临太平洋板块与欧亚大陆板块碰撞产生的褶皱带，南北呈狭长地带分布，地势北高南低，北部最高点海拔973.3米，南部最低点海拔仅为5米。保护区内群峰起伏，层峦叠嶂，河流泡沼纵横交错。气候属于近海中温带海洋性季风气候，由于靠近日本海，受海洋性气候影响，与同纬度相比，冬暖夏凉，年平均气温5.6摄氏度，年平均降水量618.1毫米；无霜期120~126天，气候非常适合植物生长，因此野生动植物资源较为丰富，堪称图们江流域的"生物宝库"。保护区常见的野生植物多达上千种，国家重点保护的野生植物有东北红豆杉、红松、紫椴、黄檗、水曲柳、胡桃楸、钻天柳、野大豆、刺五加、莲等；陆生野生动物有300多种，国家一级重点保护野生动物有东北虎、豹、梅花鹿、紫貂、原麝、丹顶鹤、金雕、虎头海雕（*Haliaeetus pelagicus*）、白尾海雕（*Haliaeetus albicilla*）等；国家二级重点保护野生动物有黑熊、马鹿、猞猁、花尾榛鸡等。保护区内还有许许多多大型真菌类和昆虫，均有重要生态价值和经济价值。

2002年12月17日，我有幸参加在珲春保护区举办的"东北虎野外种群及其被捕食猎物（有蹄类动物）监测技术国际研讨班"，19日我们到保护区青龙台一带野外实习。上午10点多，由保护区工作人员带路，在一条山沟上部的半山腰处，观察他们之前保留下来的东北虎足迹，东北林区冬季下雪频繁，雪地上动物的足迹经常被新雪覆盖，保留足迹就是将足迹盖上，防止被新雪掩埋。下午连续2次发现豹的足迹。下午2点半左右，我们来到一条已经封冻的小河边，河岸一侧有10多米高的大石砬子，周围是树木。冰面上有一层薄雪，顺着河面边缘有一条清晰的足迹，向东北方向延伸。经测量右前足迹长11.2厘米，宽9.5厘米，掌垫宽7.3厘米，专家共同分析认定是一只雄豹的足迹。接近4点钟的时候，我们来到边防公路5号桥附近，发现一条由东向西延伸的非常清晰的豹的足迹链。足迹长10.5厘米，宽9.0厘米，掌垫宽6.4厘米，在场的中外专家认定这是一只雌豹的足迹。

珲春自然保护区由于地理位置的特殊性，处于中、俄、朝三国边境的交汇区，野生动物包括虎和豹是没有国界的，它们在边境之间自由往来，似乎不受约束，限制它们生长的只有栖息生境的优劣和可捕食猎物的多

> 发现的豹足迹

少。据多年连续监测统计，自保护区成立以来，共计监测到东北虎和豹活动信息达100多条，可以说是我国东北虎栖息活动频繁、数量比较集中的区域。在2001年至2006年监测到93条东北虎活动信息，其中90%是东北虎捕食家畜留下的足迹。当地农民居住分散，有在大山里散放养牛的习惯，自保护区建立以来，被东北虎捕食的牛已有上百头，除此之外，还有少量马匹和家养的狗。虽然保护东北虎与当地农户的生产活动存在矛盾冲突，但是当地政府和保护区对农民的损失均给予了相应的经济补偿，使得这种矛盾冲突得到化解。正是因为东北虎经常捕食老百姓放养的牛和马，保护区的科研人员利用自动照相机3次拍摄到东北虎的照片，让世人有幸一睹常年隐蔽在深山密林中的百兽之王的真容。

为了保护和挽救濒临绝迹的野生东北虎，珲春自然保护区竭尽全力做了大量工作，例如，开展东北虎和豹的野外监测，对东北虎造成的群众财产损失进行补偿，巡山清套子以保护东北虎的猎物，进行日常巡护管理，开展东北虎保护公众宣传教育，抢救受伤的野外东北虎等，取得了显著成效，他们默默无闻地努力，为我国东北虎保护事业做出了积极的贡献。

然而在保护区刚刚成立不久时，却发生过一件东北虎被套受伤，伤虎又连续伤人，保护区全力抢救受伤东北虎的惊心动魄的事件。

在珲春保护区的官道沟村有位农民叫曲双喜，由于世代居住在大山里，冬季狩猎很有经验。2002年1月，珲春普遍降雪，连续几场之后，积雪厚度将近1米深，一时间交通中断，气温骤然下降，各山场林业采伐作业不得不全面停工。1月29日，曲双喜和同村农民尹石钟踩着自己制作的滑雪板，进入漫山大雪的森林中"溜套子"，寻找猎物。中午时候他们猎获了1头被困在雪地之中的马鹿，他们将马鹿肢解以后分别将鹿肉装进两人的背筐。他们高高兴兴往回赶，大约下午4点钟，已经到了被林业局清过雪的路段，离村屯也就2千米左右，两人卸下滑雪板刚走没多远，突然感觉身后有风声，猛回头只见一只东北虎从远处奔扑过来，常年生活在林区的他们知道是跑不掉的，曲双喜立即卸下背筐，顺势脱掉棉袄，让尹石钟赶快点火。尹石钟手颤抖着将打火机刚刚点燃，已经晚了，东北虎张开血盆大口逼近曲双喜的脑袋，他本能地躲闪同时抬起右臂迎住虎口，"咔嚓"一声

> 被虎捕食的黄牛 （珲 > 珲春保护区用自动相机拍摄 > 吉林珲春拍摄到的东北虎
春保护区摄） 东北虎捕食照片

右臂被东北虎咬住，身体悬空被东北虎叼出20多米远，摔在雪地上。尹石钟一看同伴被东北虎咬伤，来不及多想，抢起滑雪板冲上去照着东北虎便打。这时东北虎转回头张开大口一声咆哮，尹石钟一看不好，转身没命地往回跑，一口气逃到当地一个驻军连队。

曲双喜被东北虎摔在地上，刚爬起来又被虎爪扒拉倒，虎爪重重地踩在他后背上，曲双喜心想这下完了，吓得晕了过去。过了许久，他醒过来发觉东北虎并没有下口吃他，只好静静地不敢动。过一会，东北虎把爪子挪开，慢慢地走到背筐处，掏出新鲜的鹿肉吃起来。一会儿卧下，注视倒在地上的曲双喜，或者活动一下，再去吃鹿肉。不知过了多长时间，东北虎不见了。这时曲双喜挣扎着爬起来，用手托着受伤的右臂，忍痛艰难地回到村里。保护区的工作人员闻讯后立即送他到珲春市医院救治。

第二天，电视台记者牟振远、金辉和向导刘明山等人到曲双喜受伤的地方查看现场，他们沿着东北虎离去的足迹一路追踪拍摄，大约追踪5千米到抬马沟时，看见在500多米远的路上，背向着他们漫步行走的东北虎。紧张和兴奋之余，他们立即举起摄像机拍摄，为了让图像更清晰，他们不知不觉一点点接近东北。东北虎似乎失去了耐性，突然转身猛扑过来，牟振远等人立即转身狂奔，好在东北虎并没有真的追过来。他们也因此获得了珍贵的录像资料。

然而在31日，这只虎又犯事了，这次是咬死了人。当天因为下大雪山上作业点停工，无法与林场联系，4位工人只好结伴步行下山准备返回林场，走到抬马沟时又遇见这只东北虎，其中1名青年女工遭到东北虎袭击而丧命。当保护区调来铲车时，开到近前无论怎样鸣笛或用车去顶，这只东北虎就是不肯离开，后来，人们费了很大的劲，总算从虎口抢回女工的尸体。后来才发现这是1只受伤很严重的东北虎，在脖颈上勒进去一根钢丝绳子，任凭铲车怎样轰赶，东北虎始终静静地趴在路边的雪地里。保护区根据上级主管部门指示立即准备抢救受伤的东北虎。

由于害怕东北虎再度伤人，抢救人员远程对东北虎注射了麻醉针，几针过去之后，再用木杆试探，确定东北虎已经不能活动，才到近前迅速解下勒在虎脖子上的钢丝套子。如筷子粗细、柔韧结实的钢丝绳，勒进了东北虎颈部的皮肤，其气管和食管几乎全被切断，已经无法进食。东北虎伤势非常严重，他们以最快的速度把它运回自然保护区，当地几位最好的兽医师和医院外科医生随即赶到为伤虎做手术。2月4日，受国家林业局和吉林省林业厅委托，北京、长春和哈尔滨等地动物园、虎林园兽医院和解放军211医院的专家也赶到珲春协助对受伤东北虎的紧急救治。但是，由于这只东北虎受伤时间过长，伤势过于严重，已经引发败血症和肺、肝、肾等多脏器功能衰竭，于2月10日死亡。紧急抢救受伤野生东北虎虽然没有成功，但是珲春自然保护区已尽到了最大努力。

珲春建立自然保护区之后，对东北虎及其栖息地保护管理力度不断加强，森林得到一定程度恢复，有蹄类动物的种群密度也在逐渐增多。近年来野外监测数据表明，珲春自然保护区东北虎的分布数量为5~7只，呈现缓慢增长的趋势。

# 五·完达山中东北虎的足迹

　　多年连续野外监测结果表明,完达山东部林区是东北虎活动频率最高、分布最为集中、具有常年居留可繁殖种群条件的地区。也就是说,在完达山东部,有能够容纳可繁殖雌虎的大面积森林,连续的红松针阔混交林和阔叶林为东北虎提供了适宜的栖息生境,也适于有蹄类动物生存,加之林区人口比较稀少,人为经济活动干扰程度不大,为东北虎提供了较为适宜的生存条件。1999年黑龙江省野生动物研究所与美国和俄罗斯专家进行的国际合作调查,在调查报告结论中写道:"现有的东北虎大多数为单独游荡个体,表明目前在黑龙江省可能没有东北虎的长期居住个体和繁殖种群存在。但是,访问调查资料表明完达山东部可能是个例外,对这一点尚有待今后进一步的监测研究。"此后的监测结果也证实了完达山东部林区仍然有长期居住个体和繁殖种群存在这一推测。

　　在我们对完达山东部林区东北虎种群监测过程中,2003年至2006年期间,曾经多次发现东北虎母虎和幼虎一起活动的足迹。2003年3月25日,迎春林业局司机秦英等4人开车去大牙克林场,清晨8点多钟,当汽车行驶在石场林场施业区大直线时,他突然看见前方不到100米的道边上有2只像狗一样大的动物,于是放慢速度,离动物越来越近,也就看得更清楚,车上的人都看到并一致说是2只幼虎,身体的毛呈淡黄色,带有黑条纹,头圆形,体重25～30千克。车逐渐开近,这2只幼虎应该能感觉到,但是它们并没有急于逃走,还是不慌不忙的样子。车上的人本想下去再仔细看看,可是担心附近有雌虎,怕危险没敢下车。在野外监测中曾经多次发现雌虎和2～3只幼虎一起活动的足迹,也有3只虎跟踪一群野猪的足迹链。当然,还是监测到1只东北虎单独活动的次数最多,几年来,我们在完达山东部林区发现东北虎活动足迹100多个,其中80%以上是1只虎单独活动,因为雄虎除了繁殖期间要和雌虎在一起之外,其余大部分时间都是单独活动,

> 雌虎带幼虎的足迹（董红雨摄）

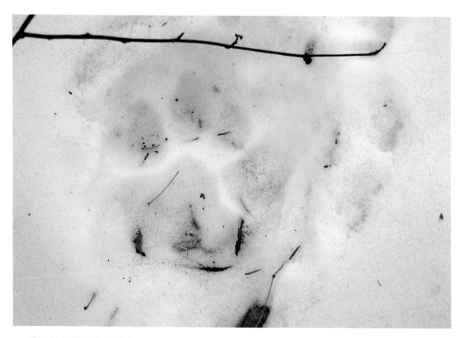

> 奇源林场发现的虎足迹

已经离开母虎的幼虎也要寻找自己的领地独立生活，雌虎在幼虎离开后还没有生产幼虎之前也单独行动，所以我们监测到的绝大多数是1只东北虎活动的足迹。

2006年冬天，监测员告诉我东方红林业局发现了东北虎足迹，我们连夜乘车在第二天上午赶到奇源林场，发现东北虎足迹地点距离林场10多千米，刘金旭开一辆吉普车，我们和发现足迹的一名工人一起去现场核查。大山里的雪比山外下得多，越是接近山里，路越难走，当汽车实在无法前进时，我们只好步行。在一座大山脚下我们找到了东北虎的足迹，林中积雪上一条足迹链赫然醒目，梅花状脚印上趾垫和掌垫非常清晰。从东北虎留下的足迹可以联想到在茂密的大森林里，一只毛色华丽、威风凛凛的东北虎在洁白的雪地中穿行，时而轻盈漫步，时而纵身跳跃，触动挂在树枝上的雪纷纷飘落的情景。测量掌垫宽度8.0厘米，估计是离开雌虎不长时间的亚成体。这只东北虎是从东面青山林场过来，向西面走去，寻找猎物。我们回到林业局时，恰巧遇见局宣传部张帆部长，知道我们在做东北虎调查监测，于是跟我们聊起完达山关于东北虎的故事。

1993年10月8日晚，东方红林业公安局局长闫向银等5人，在石场林场办理完公务乘一辆吉普车返回林业局，大约晚上7点多，天已经逐渐黑下来，当他们路过奇源林场附近的神顶峰时，其中有人让停车解手。这时车的两只大灯已经关掉，只有小灯还亮着，几个人刚一下车，突然听到前方20米远处有好像大狗叫似的凶狠沉闷的咬叫声。司机刘国民第一个看见身长有2米左右的一只东北虎直奔他们而来，顿时惊叫一声："不好，东北虎！"他们全都立即慌忙地挤进车里面。这只东北虎一看人都进入到汽车里，也放慢了速度，在车前2米远处突然拐弯从右侧横过公路，窜入路边的林子里。由于距离很近，东北虎身上的条纹看得很清楚。因为害怕东北虎没有走远再次来攻击，闫向银从车窗向天空举枪连放三枪，这时司机也赶忙把车大灯打亮，车上有3个人同时看到前方不远处有3只幼虎。3只幼虎互相厮闹玩耍，兴致正浓，过了一会儿，幼虎们一边玩耍一边横过公路，顺着刚才那只成年虎跑走的方向进入森林之中。事后他们说，多亏钻进车里速度快，不然的话准会被东北虎扑倒。

也真有人在林子里被虎扑倒。奇源林场工人戴左坤和两个儿子一起到神顶峰一带采人参，他低着头手拿一根木棍在草丛中寻找。突然，他带来的狗急匆匆跑到他跟前，他还没来得及想是怎么回事，只觉得背后一股冷风刮来，回头一看，一只身长1.4米左右的东北虎正扑过来，他急忙侧身，东北虎一口叼住他的右膀，在附近不远处他的两个儿子全都吓呆了。可是这只东北虎见戴左坤并没有什么反应，便扔下他转身钻进了密林中。

为了寻找东北虎的足迹，2000年在完达山林区还发生了记者与东北虎近距离相遇的惊心动魄的一幕。那是2000年12月8日，东方红林业局东林经营所工人王克军只身一人在奇源林场38林班采集刺五加，遭遇东北虎攻击，右臂被严重咬伤，因失血过多，住进了林业局医院。林业局领导得知这个消息后，让广播电视局派记者到现场录制东北虎足迹和人虎相遇的雪地痕迹。第二天，年轻的女记者陈晓红和她的搭档摄像师郑晓兵早早地来到医院，为受伤正在救治的王克军拍摄录像并了解事发地点、位置等细节，之后他们准备去查看现场，寻找东北虎的足迹。林业局领导怕出危险，特意派林业公安森保干警李江带着枪一起去，奇源林场派熟悉地形林班的徐德恒和付荣作为向导，一行5人上午10点半从林业局出发。

中午12点多，他们来到奇源林场38林班，汽车停在一个山脚下，他们步行上山寻找人虎相遇的地点。踏着厚厚的积雪在山上转悠了2个小时，还没找到事发地点，大家已经累得筋疲力尽，正在担心会不会天黑也找不到东北虎足迹的时候，向导徐德恒突然大喊："快过来！这有血迹和人的脚印。"大家都围拢过来，断定那一定是王克军伤口流的血和他下山时的脚印。沿着脚印往山上找，没多远就发现了东北虎的足迹。碗口大一串东北虎足迹清晰地映入眼帘，着实令人兴奋，顿时大家都来了精神。但是，仅发现东北虎足迹还不行，因为还没有找到东北虎伤人的现场，徐德恒在前面带路继续寻找。越往山上去树木越密集，阴森森的，只听徐德恒大喊一声："来了！""虎"字还没有说出口，就听见一阵声响，一只体重100~150千克的猛虎已经窜到了眼前，直奔前面的向导徐德恒，在距东北虎前爪落

> 足迹测量

地仅2米的时候，他看准了身边的一棵胸径20多厘米的大树，迅速爬了上去。在这一瞬间，郑晓兵紧抱着摄像机倒在地上，陈晓红顺着山坡滚了下去，负责安全的公安干警李江为了震慑住东北虎，急忙对着天空"啪啪啪"连续放了几枪，向导付荣也侧身卧倒在雪地里。东北虎没有扑到人，也许是枪响，也许看人多，疾速窜到左前方，

距离郑晓兵大约20米远，坐在那盯着他们。郑晓兵离东北虎最近，别人都喊他快过来，太危险，他趴在地上不敢出声也不敢动，心里想的却是怎么能拍下东北虎的录像。徐德恒让他赶快上树，会安全些，趁东北虎不注意，他急忙跑到树下想往上爬，但是他不会爬树，三下两下爬不上去，这

边又有人喊："东北虎站起来了！"可把大家急坏了,这时徐德恒赶紧从树杈上下来伸手拽他,总算把他拽上了树,一排衣扣虽然被树刮掉,摄像机却还在身上。就这样在摇摇晃晃的树杈上郑晓兵把镜头对准了这只东北虎,拍下了一组野生东北虎的珍贵录像,这是在我国第一次拍摄到野生东北虎。

东北虎和他们对峙了几十分钟,时间已经到了下午3点半,东北虎还是不肯离去,冬季白天很短,眼看着天就要黑了,大家手脚已经冻得麻木,又饿又渴,总是这么僵持着不行,得想办法脱险。这时付荣想起来虎怕火,他脱下自己的棉袄点燃,冲着东北虎不住地晃动,果然奏效,东北虎见到火光后悻悻地离去了。

| 2005~2006年野生东北虎的数量 | | | | |
|---|---|---|---|---|
| 区域 | 数量/只 | 平均数量/只 | 占总数比例/% | 数据来源 |
| 俄罗斯 | 428~532 | 480 | 95.8 | 2005, Miquelle |
| 中国黑龙江 | 10~14 | 12 | 2.3 | 2006, 孙海义 |
| 中国吉林 | 8~10 | 9 | 1.9 | 2006, 张传俊 |
| 合计 | 446~556 | 501 | 100 | |

# 六 · 瑚布图河寻虎踪

　　在老爷岭南部中俄边境有一条河，叫瑚布图河，发源于俄罗斯维尔稀纳桑杜加山西侧，全长114千米。瑚布图河流域森林茂密，河水清澈，河流两岸绿树成荫，周围山脉连绵起伏，仍然保留着未被开发的自然状态。在这片人迹罕至的跨国境山林中，附近的居民被禁止随意越过边境，然而大型兽类如东北虎、豹和马鹿等却可以不受约束地任意往来，不论是哪一边，只要食物丰富、隐蔽的植被茂密并且没有大的干扰，就是它们的家园。

> 瑚布图河

> 深雪中的虎足迹（刘金旭摄）

　　从我们连续多年对老爷岭林区东北虎监测得到数据中可以看出，越是离边境远，发现东北虎活动足迹的次数越少，相反，离边境越近也就是越靠近瑚布图河，发现东北虎活动足迹频率越高。除了长期在我国境内生存的东北虎家族以外，一定有些个体常年游走于中俄边境之间。

　　曾经有人问我，活动于边境之间的东北虎应该算作哪个国家的？我想，东北虎既然没有身份证，没有国籍，那么就有自由选择的权利，哪里的生境条件优越、能够满足它们的生存和繁衍的需求，它们就会长期在哪里定居。无论是边境的哪边，东北虎因为食物缺乏吃不饱肚子，而偷老百姓的牲畜充饥，一样会遭到人类的记恨；找不到可以隐蔽藏身的安定居所，到处都是轰隆的声响，到处都是人时，一样会对人类不友好。更可恨的是那些偷猎者，在森林里到处设圈套，虽然他们本意是想捕点野猪或狍品尝野味，可是东北虎稍不留神就会误入套索，大多数都在劫难逃。另外，可以勉强生活的林地已经被分割得相距遥远，虎种群之间无法相聚、联系，孤零零的少数家族，其后代能保证不近亲婚育吗？因此，我们说，要想保护好东北虎，让东北虎的家族兴旺起来，除了我们不再伤害它们以外，最重要的就是要尽快恢复它们的栖息地，保证食物链条，降低人为经济活动的干扰程度，给东北虎一个安生的家。

在我们对老爷岭林区进行东北虎监测期间，在瑚布图河流域多次发现东北虎和豹的足迹，在寻找东北虎活动踪迹的过程中，也了解到一些发生在这片森林中人与虎之间的惊险故事。

2004年4月13日清早，暖泉河林场职工于昶明和他外地来串门的亲戚骑着摩托车到山上割架条子，他们把摩托车停在52林班一个临时楞场的道边上。到了中午，他们准备回去吃饭，走到离摩托车不远的楞场边，发现有一堆动物的粪便，还在冒着热气，显然这个动物刚过去没一会儿，可

> 虎的足迹（暖泉河林场提供）

> 马鹿粪便

能还在附近。再仔细查看粪便，不像是马鹿、狍和野猪的，他们心想会不会是东北虎和黑熊的粪便，想到这他们就下意识地向四周察看，突然发现前方50～60米远的楞场内站着一只东北虎，正

虎视眈眈地望着他们。于昶明说声"不好，有老虎！快跑！"搜起他的亲戚拼命奔向摩托车，这时东北虎也向他们走来，吓得他俩骑上摩托车便跑。由于着急害怕，车速过快，山路不平，刚骑出去没多远，便连车带人一起摔进路边的沟里，于昶明的亲属一只手还被镰刀割伤。所幸的是这只东北虎并没有真的追过来，他们顾不得伤势，急忙扶起摩托车赶紧逃走。

2004年5月12日上午，家住三节砬子的经营所职工齐福林，骑着一辆摩托车从中股流林场回家，在途经四道桥附近时，突然发现前方60～70米远有一只东北虎就站在路中间。道路两边都是高大的树木，四周一点声音也没有，他赶紧停车，再仔细看看，的确是东北虎，圆形的头，身上的条纹都看得一清二楚。心想不能再靠近，东北虎扑过来可就危险了，他急忙调转摩托车骑上往回跑。东北虎这时也从后边追上来，他从倒车镜中看见东北虎追来了，由于过分紧张，开车狂奔大约3分钟，摩托车向右侧翻进路边的沟里，好在车还没熄火，他爬起来急忙向后张望，发现这只东北虎正站在距离他80米处的路中间朝这边看。齐福林立即扶起摩托车再次骑上并加大油门一路飞奔，一边跑一边从倒车镜观察东北虎动向，可是东北虎并没有再来追赶他。事后想起这件事，虽然有些后怕，但又觉得似乎是东北虎跟他开了一个玩笑。

2005年7月29日，暖泉河林场工段长郭瑞财从生产工段白刀山回来，讲述了套子户于礼赶着马车在森林中遇见东北虎的经过。套子户也就是当地附近农民，住在山上用牛马套子向楞场集材的人家。2005年7月27日，于礼赶着一辆马车，从山下拉着米、面、油、盐和蔬菜等生活用品，去白刀山5林班临时作业点。东北的7月至8月，正值气候炎热并且多雨的季节，去往山里的道上，长满了1米多高的杂草，低洼处雨水淤积，泥泞不堪，马车在森林中行进速度非常缓慢。于礼赶着马车走到大约6千米远的时候，突然拉车的马停住了脚步，原地乱踢乱叫，怎么赶它也不肯向前走。这时于礼发现道路前方大约100米处站立着1只成年东北虎，旁边还有1只幼虎。2只东北虎拦住去路，于礼顿时惊吓出一身冷汗。这只大东北虎一面昂着头两眼盯着马车，一面向他们发威、吼叫。马车不能向前走，也无法向后退，就这样僵持了大约三四分钟，这2只东北虎才慢慢地离去。于礼心想多亏与东北虎离得稍远，如果突然在跟前出现东北虎，为了保护幼虎，这只成年母虎或许会冲上来，那可惨了。在确定东北虎已经走远了以后，于礼才赶着马车拼命地赶往作业点。

在我们连续多年对老爷岭林区中俄边境瑚布图河流域东北虎的监测中，人在森林中遭遇东北虎攻击的事情较多，发现东北虎足迹则更多。例如，东宁市三岔口镇庙岭村59岁的农民冷洪文，在2006年9月15日到瑚布图河岸边森林中采蘑菇，不幸被东北虎捕食。虽然人被虎咬死的事情非常罕见，但是我们还是希望人与虎尽量不要相遇，虎毕竟是猛兽，很危险。另外，虎也不愿意在它的领地有人类活动，因为人类的频繁活动侵扰了它安静的生存家园。

## 东北虎的历史分布

历史上东北虎的分布范围很广，据化石考证，早在更新世中期东北虎已分布到东北平原，随即向四周扩散，广泛分布在东北各林区。到19世纪中叶，东北虎的分布范围更大，西至贝加尔湖地区，东迄鞑靼海峡及库页岛，北起外兴安岭，南至长城内外及朝鲜半岛，山区林地皆有分布。近百年来，由于早期的大肆捕杀，后期的栖息地丧失，猎物匮乏、人口增长等因素影响，东北虎分布区大幅度退缩。

# 七·人与虎的冲突

在对东北虎进行野外监测过程中,时而遇到人与虎之间发生冲突,不仅是虎,其他野生动物也常会对当地居民安全或财产造成不同程度的危害。人与虎或其他野生动物之间的冲突不仅在我国存在,在其他国家也同样存在,主要问题是人和大型捕食动物共同享有一片土地或一片森林,人类的活动一旦进入到大型捕食动物的领地,就不可能"井水不犯河水",必然要发生冲突。

一般来说,东北虎栖息活动于林区的深山地带,如果可捕食的有蹄类动物充足的话,活动范围会小一些。在食物不足的情况下,东北虎为了寻找猎物,也偶尔到浅山区。虽然居住在林区的人口不多,但是一年四季却经常有人在森林中从事各种各样的经济活动,除了林业生产经营作业之外,村民进山采药、采山野菜、采蘑菇、打松籽,在林区养蜂、养林蛙、搞多种经营、放牧等,这些都会成为引发人与虎冲突的因素。东北虎捕食家庭饲养的牛和马,在黑龙江曾经发生过几次,在吉林珲春已经成了家常便饭,每年都要出现好多次。好在政府对东北虎捕食牲畜实施了补偿,对缓解当地居民与东北虎保护之间的矛盾冲突起到了一定作用。

人与虎发生冲突,如果采取的措施得当能够化险为夷。2006年5月18日,我们在完达山林区进行东北虎监测时,在奇源林场大山里遇到几个骑着摩托车到山上采刺嫩芽的居民。其中有一位叫陈淑华的中年妇女,我问她:"这里山上经常有东北虎活动,你们知道吗?你们不害怕吗?"她说:"我们住在这谁不知道有东北虎,东北虎太厉害,怎么能不害怕。"这时她的情绪很激动,接着说:"别提啦,去年我就碰上了东北虎,可把我吓坏了。那是9月中旬,在37林班采蘑菇,我在山上边,一抬头就看见一只大东北虎从沟塘子过来,向我这边走,可能是在找猎物。我当时吓得腿都打战了,连大气也不敢出,也就是大约50米远,东北虎身上的条纹都看得很清

> 林中放牧

楚。东北虎也看见我了，我就站在那不动，因为害怕本想跑，又一想跑是跑不过东北虎的，还是想别的办法吧，我突然想起了身上带的点火用的松明子，就赶紧点着了火。这样跟东北虎相对站着大约过了20多分钟，火着旺了，东北虎不敢靠近，后来它慢慢地走了。"她讲经过的表情打消了我的怀疑，否则真不相信她能遇到东北虎。我不由得佩服起眼前这位女同志，她在林区生活的经验、胆量和机智，比一些男同志还要胜过一筹。

　　但是也发生过人受重伤和命丧虎口的惨案。2001年12月23日，我们在东方红林业局进行野外监测时，在永幸林场找到姜场长和王书记了解东北虎的活动情况，姜场长说11月28日他在65、66林班还见到过东北虎的足迹，爪印挺大，估计是成年虎。随后他又告诉我们，去年永幸村有个姓石的老汉被东北虎咬伤过，让我们去了解一下。我和林业局林政稽查队长王明春等人开车直奔永幸村，村子没几户人家，一打听就找到了。农村低矮的土坯房，门窗还都是过去那种老式的木框子，糊着窗户纸，屋里没有任何像样的家具和家用电器，一看就知道日子过得并不宽裕。被东北虎咬伤的老汉名叫石永信，65岁，满脸憨厚的庄户人。当他知道我们的来意后，就把怎样被东北虎咬伤的过程讲了一遍。2000年1月22日，农历腊月十六，这一天没啥事，他想到春季种豆角还没有架条子，在上午8点多钟，就一个人到离村子四五里地的南大桥山上，看那里有片榛柴适合做架条，然后还想到别处再看一下。正当他往山下走的时候，就听到背后有风声，回头一看，是只东北虎，他大喊一声"不好！"话音刚落，东北虎已经扑上来，直奔他的后脖子，他急忙躲开，可是东北虎的爪子这时已经抓到他的后腰，嘴咬住他的右胳膊，就听"咔嚓"一声，骨头被咬碎了，他急忙用另一只手挥拳就打，东北虎叼起他一下甩出去老远。当时他趴在那不敢动弹，观察东北虎还会不会再过来咬他，但没什么动静，过了一会，东北虎走了。当时他吓得

> 多种经营的简易房

210

也不知道痛，赶紧爬起来，用左手抱着受伤的胳膊，一路小跑回到家。开始因为家里没有钱，只能打打针吃点药，慢慢养着，可是后来整个右胳膊全变黑了，只好到县医院去治。医生说来得太晚了，胳膊已经坏死，必须截肢，否则发生败血症会危及生命，现在整个右胳膊全没了。他脱掉外衣给我们看，臂膀只留有10多厘米长的一截，后腰上还留有清楚的东北虎抓伤的疤痕。他的老伴在旁边不住地说："住院花了好几千块钱，都是借的，他又失去劳动能力，我们太困难了。"听了石老汉叙说之后，我们为他的不幸遭遇感到痛惜，建议他们向当地政府申请困难补助，寻求补偿。东北虎如此濒危，需要加强保护，但老百姓受到东北虎的危害也应该有个说法。

据说一只虎能记住人的气味，并且寻找机会报复。在俄罗斯有一个猎人在山里用枪把一只虎的爪子打伤，虎后来逃走了。过了一年以后，这个猎人又跟其他人一起路过这片山林时，尽管这个猎人走在他们几个人的中间，但那只虎突然从树林中窜出来，还是直奔那个猎人，将他咬死后才离去。

在完达山林区也发生过一个偷猎的村民命丧虎口的事件。2000年12月21日，黑龙江省森工总局野生动植物保护处接到东方红林业局报案，有一村民在山中意外死亡，保护处周宣滨和我们研究所于孝臣及当地公安人员连夜赶赴现场。事发地点是在东方红林业局五林洞林场14林班，死者张某强，四十多岁，饶河县五林洞镇永幸村农民。从现场看，他是被东北虎咬成重伤，当时并没有死，肋骨和身上多处受伤。从发现东北虎卧迹和足迹的地方，到他死亡地点的距离大约有1千米，推测他是被虎咬伤后向山下爬行，由于伤势过重，失血过多，加上数九寒天，冻饿而死。公安人员在对死者检查过程中，发现死者的衣服口袋中有用来套猎野猪、狍的铁丝套子，说明这个人是上山下套的偷猎者，后来果然在事发地点附近的树林里找到一支猎枪。凑巧的是，1个月之后，2001年1月22日，在与五林洞林场相邻的大岱林场发现一只死亡的东北虎。死亡的东北虎脖子上有铁丝套子，东北虎由于长时间不能捕食过度饥饿，重伤和衰弱导致死亡。后来在制作标本解剖这只虎时，在其皮下肌肉中发现有猎枪射进的铅弹。

后来一位当地知情人告诉我，张某强不务正业，家境贫寒，经常上山偷猎。据分析，那一天他上山下套子，偶然发现1只东北虎躺在雪地上，以为已经被铁丝套子勒死了，就靠近跟前查看。没想到东北虎并没有死，立即向他扑过来，他带一支单筒猎枪，枪弹是打野兔用的沙粒，紧急之下对着东北虎开枪。东北虎已经被套成重伤，还是拼命跃起，虽然猎枪子弹已经打中它，但是并不会致命。东北虎还是把张某强扑倒，将他咬成重伤。也许是没有吃过人的东北虎不会吃人，也许是脖子被套子勒坏根本不能进食，当张某强躺在雪地上一动不动时，东北虎却走了。张某强苏醒过来后，出于求生本能在雪地上爬行了1千米左右，在生命垂危之际还没有忘记把猎枪扔进难以发现的密林深雪中。这只东北虎最终因为伤势过重，没过多久便死在附近的森林中，1个多月之后才被发现。

茫茫的大森林中生存的野生东北虎屈指可数、弥足珍贵，却活生生被偷猎者布设的套子勒伤死亡，这怎能不引起人们对偷猎行为的鄙视和痛恨，同时也让我们对野生东北虎未来的命运感到担心与忧虑。

# 八·生态廊道探秘

　　黑龙江和吉林两省东部林区与俄罗斯有长达上万米的边境线,边境线上除了少量的农田和居民点之外,大部分是森林和湿地,在这些无人区的地段,东北虎通过边境生态廊道游走于中国和俄罗斯的栖息地之间。在黑龙江和吉林两省之间也存在相连通的东北虎生态廊道。

　　多年来,由于人类经济活动日益加大,人口增多、森林采伐、道路修建、农田开垦、开矿、放牧等开发建设经营活动的影响,将东北虎栖息地人为地分割成孤岛状分布。如果这些孤立的东北虎种群,不能与相邻种群有效连接,相互交流,势必导致种群衰退,直至消亡。目前,我国东北东部山区尚有植被保留完好的大面积森林,仍然有适于东北虎栖息的自然生境,那么,连接这些东北虎栖息地以实现不同分布区之间东北虎种群交流与联系,则显得非常重要。这种能够保持东北虎不同栖息地之间相互连接的生态廊道,其作用主要在于能够增加相邻种群个体之间繁殖交配的机会,防止由于少数游荡个体繁殖期找不到配偶,影响数量增长;可以促进不同种群家族间的基因交流和血缘交换,防止由于近亲繁殖导致的种群衰退;有利于东北虎种群自然复壮和扩散,逐渐扩大分布区域。因此,要通过调查研究掌握东北虎迁移的生态廊道现状,以及存在的问题,进一步加强保护和管理这些至关重要的生态廊道,这对东北虎保护和种群恢复具有非常重要的意义。

　　完达山东部是我国东北虎的重要分布区之一,东部隔乌苏里江与俄罗斯相望,滔滔江水并不能阻碍东北虎来往迁移,冬季大江封冻时东北虎可以随意在江面上通行。我们到饶河县监测东北虎在中俄边境迁移信息时,林业局资源科王春来给我们介绍在乌苏里江边发现东北虎和足迹的情况,还拿出他拍摄的一些照片,指着照片一一告诉我们,一张是1995年春天在乌苏里江冰排中打捞出来的1只死亡东北虎,另一张是2002年12月8日

> 乌苏里江湿地

在四排赫哲族居住的附近江面上发现的东北虎过江的足迹。李玉新对我们说，2000年3月15日，在西林子乡三人班村1只成年东北虎吃了农民的猪还咬死1条狗。饶河北部西通至西林子是东北虎中俄之间的生态廊道，完达山东部的东北虎通过狭窄的廊道连接至俄罗斯的斯特来尼科夫，再往北则到达大赫赫齐尔自然保护区，2005年他随团访问了这个与我国相邻的保护区，据保护区主任介绍有3～4只东北虎在保护区活动。监测结果表明，2002年以前发现东北虎在江上过往较多，2003年以后很少有发现。该区自然村屯较多，大部分是农田和沼泽地，东北虎只是在此经过或短暂停留。

饶河县南部的大通河至虎林市小木河，是完达山东部与俄罗斯锡霍特−阿林之间的东北虎重要迁移生态廊道。该区沿乌苏里江全是森林和沼泽湿地，江边居民点很少，并且已经建立了东方红湿地省级自然保护区和

> 乌苏里江晚霞

珍宝岛湿地国家级自然保护区，人为经济活动干扰也很小。饶河县林业局柴文志曾经多次和我们一起沿江调查，监测东北虎穿越过境迁移活动。2002年6月13日，在饶河县永乐村北部森林中有村民遇见1只东北虎；2002年12月6日，又发现由五林洞方向穿过乌苏里江入俄境内的成年东北虎足迹；2003年11月21日，有一位农民在七里沁岛捕鱼时，看见1只东北虎从对岸的俄罗斯过江入境；2003年12月7日，在七里沁岛附近的乌苏里江250号航标处，发现有1只东北虎沿江面行走的足迹；2005年3月25日，在大通河乡鹿山村南山，发现1大1小2只东北虎的足迹，认为是1只雌虎和1只亚成体；2006年1月5日，在虎林市虎头镇月牙村距乌苏里江2千米的养牛点发现东北虎咬伤1头牛后，朝着乌苏里江边境方向走去。监测中发现该区近年来东北虎穿越乌苏里江的频率最高，是最重要的东北虎越境迁移的生态廊道。

> 冬季的乌苏里江

　　老爷岭东北虎分布区东部与俄罗斯相邻，南部与吉林省接壤，中俄边境和黑龙江与吉林省交界林区是东北虎经常活动的区域，其间存在东北虎越境迁移的生态廊道。老爷岭北部从东宁市乌青山自然保护区到鸡东县凤凰山自然保护区，均有东北虎跨越边境迁移往返活动。在我们监测期间，2004年12月6日，在鸡东县四山林场56林班发现1大1小2只东北虎捕食1头野猪，现场仅剩被食野猪的毛皮、头骨和尾；2005年12月6日，东宁市绥阳镇新民村北沟2只成年东北虎捕食1头耕牛，12月10日又在绥阳林业局双桥林子林场59、60林班捕食1只家养的山羊；2006年至2007年间陆续在八面通林业局悬羊经营所和穆棱市河西乡五兴村也发现东北虎活动踪迹。在与老爷岭北部相邻的俄罗斯滨海边区波格拉尼齐内，我们在1996年冬天曾到那里进行过野外考察，据俄方专家讲该区分布有3只东北虎。2004年之前老爷岭北部并没有发现过东北虎，老爷岭北部与老爷岭南部分布区较远，并且中间形成了隔离，那么老爷岭北部的东北虎也许是波格

> 薄雪上的东北虎足迹（刘金旭摄）

> 老爷岭中俄边境

拉尼齐内种群数量增长，通过生态廊道向我国扩散的结果。在老爷岭北部我国已经建立了东宁鸟青山省级自然保护区和鸡东凤凰山国家级自然保护区，森林环境和野生动植物资源通过保护管理将不断得以恢复，可为东北虎栖息生存提供较为适宜的自然条件。

老爷岭南部以瑚布图河为界，中俄边境群山相依，森林相连，边境线除了有少量农田之外，没有任何人为经济活动的干扰，从东宁市三岔口至绥阳林业局三岔河林场，经常可以发现在边境活动的东北虎足迹，毫无疑问存在跨境迁移的生态廊道。2002年12月20日，在三岔河林场32林班发现东北虎的足迹；2003年2月14日，在暖泉河林场草坪上发现东北虎的足迹，2月

## 东北虎的现代分布

近年来调查监测研究表明，东北虎分布于俄罗斯远东滨海边区和哈巴罗夫斯克南部、中国黑龙江和吉林省东部、朝鲜北部山地林区。

在中国东北虎仅分布于吉林省的大龙岭、哈尔巴岭和张广才岭，黑龙江省的完达山、老爷岭和张广才岭林区，并且是呈现为孤立分散的脆弱种群。

24日在34林班发现1只成年东北虎的足迹，11月8日在30林班发现1只东北虎的足迹；2004年在暖泉河林场35林班发现1只东北虎的足迹；2005年7月8日，在暖泉河林场32林班又发现1只东北虎的足迹。与该区东部相邻的俄罗斯有波罗斯维克、巴斯维亚2个虎豹保护区和哈桑湿地保护区，据俄罗斯调查，滨海边区东南部东北虎为13只，与黑龙江老爷岭南部和吉林珲春自然保护区相邻，

> 春季深雪中的东北虎足迹（董红雨摄）

该区没有人为活动干扰和天然屏障，东北虎跨境迁移频率较高。

此外，黑龙江省与吉林省交界的林区也存在东北虎跨境活动的生态廊道。保护和维系东北虎生态廊道畅通，对东北虎保护与种群恢复十分重要。

# 九 · 调查有蹄类

　　开展东北虎野外种群监测，监测东北虎的猎物种群也是任务之一，东北虎可捕食猎物的种类和丰富度，是评价分析东北虎栖息地现状的一个重要指标，也是衡量东北虎生存活动和种群容纳量的重要依据。

　　东北虎的猎物主要是有蹄类，为哺乳动物的一大类群，属草食动物，

> 狍的粪便

多数体型较大，四肢细长，趾端有角质的蹄，因蹄数不同，分类学上将它们划分为奇蹄目和偶蹄目。在我国东北东部林区分布的兽类中，没有奇蹄目物种。东北虎的主要猎物是偶蹄目中的大中型兽类，如马鹿、野猪、狍、梅花鹿、原麝、斑羚等。目前在东北虎活动区域，原麝和斑羚数量极其稀少甚至可能已绝迹，不足以成为东北虎的猎物，梅花鹿是仅在老爷岭林区生存的较小种群，且分布区非常狭窄。当然，东北虎除了捕食有蹄类动物以外，也捕食其他小型兽类和鸟类作为补充食物。

　　调查有蹄类，按照常规野生动物调查方法，就是在调查区域内利用冬季雪被条件，根据适栖生境面积和不同林型，布设调查样线。设计调查样线应考虑随机布设样线的代表性、均匀性和可行性。在样线中记录发现有蹄类等动物新鲜足迹链数、生境因子和样线长度。还要进行样方调查，求得动物实体与足迹链的换算系数。采用统计方法最后计算出调查区域内每种有蹄类的估计数量区间，也可以换算单位面积上的数量，即种群密

度。如果不需要统计每种动物的数量，只是对不同林区有蹄类分布密度差异进行比较的话，也可以采取统计单位样线长度发现新鲜足迹链指数，用足迹链相对丰富度指数来评估东北虎的猎物状况。东北林区的马鹿、野猪和狍是常见种，特别是野猪繁殖率较高，种群数量变动周期较短，另外，有蹄类种群增长也受自然气候条件和结实树种收成年景影响，变动较大。因此，调查监测有蹄类也需要不间断进行，以便掌握动态变化情况。

　　1991年至1993年，黑龙江森工林区重点林业局进行了有蹄类调查。1999年至2000年，在东北虎和豹国际合作调查中，在25个林场调查了67条样线，样线总长度606.4千米，对有蹄类进行了调查和种群相对丰富度评估。2003年至2004年，在完达山东部、老爷岭南部、老爷岭北部和张广才岭南部调查了27条样线，样线总长度181.6千米，对东北虎4个不同分布区主要有蹄类猎物种群相对丰富度进行了比较分析。

> 野猪的足迹链

> 狍的卧迹

　　在东北林区开展野外样线调查，最佳时间是11月至12月。每年入冬以后，11月雪已经不会融化，而且不太深，动物足迹非常清晰，调查比较轻松。如果过了春节，山上的积雪太多，雪深超过膝盖，雪表面冻成厚厚的硬壳，不仅上山行走很艰难，对动物的正常活动也有影响。另外初春由于积雪开始融化，也会对调查造成许多不便。

　　野生动物调查对专业技术性要求较高，调查人员必须能够准确识别动物留下的足迹，熟悉当地的自然植被和主要树种，并具备登山和长途跋涉的身体素质及林区野外工作经验，可以说，野外样线调查既艰苦又危险，随时都可能发生意外。我到野外做样线调查已经数不清发生过多少次意外了，但是，在张广才岭进行有蹄类调查时的惊险经历，对我来说却至今难忘。

样线调查按部就班地进行，这一天我们准备在西沟林场集中做轰赶样方。我和张冠相、王鹏、张子龙，再加上从当地森调队临时抽来配合我们调查的张洪勤、娄跃、黄文涛和小李8个人，在清早太阳还没有出来时就出发了。正是数九寒天，再加上刮着北风，用东北话说就是"嘎嘎冷"。大家走在一条山沟布满积雪的季节道上，只听得脚下发出"咯吱、咯吱"的声响，冷风吹在脸上像刀割一样疼，脸和鼻子冻得通红，呼出的热气在眉毛和睫毛上挂了一层霜，衣领和帽子也变成了白色。

到达山脚下之后，大家聚在一起，我指着前面的山沟用纸画图布置做样方的具体要求和人员分工。8个人在山下一字排开，每个人相距100~150米，两边的人要提前半个小时沿山脊快速向上走，将记录后的有蹄类足迹抹掉或标记，当走到5千米时，两边的人要汇合。其他人以同样的行进速度，轰赶山沟里的动物跑出去。到山上汇合后，再从两边返回来，检查记录跑出去的有蹄类新鲜足迹。

娄跃和张子龙年轻脚步快，他们在边上先出发。其余的人并排向上轰赶动物，接近中午时大家都到了山顶，汇合到一起，简单核对一下发现的动物足迹走向等情况。这时我们发现娄跃和张子龙不见了，他们俩没有按照预定的路线和时间与我们汇合。当时想没关系，走错了，一会儿就会转回来的。大家各自拿出带来的午饭，简单地吃了几口，然后分成两组，沿着两边山脊向回走，检查动物被轰赶出去时留下的足迹。这时天气突然

> 狍的足迹链

> 狍采食的枝条

变了,上空布满乌云,大森林中显得格外昏暗,接着纷纷扬扬下起了大雪,面对面都有些看不清。下午2点我们回到山下出发的地方,应该调查结束返回林场了,可是他们2个人还没有回来,天又下着很大的雪,如果真是迷了路晚上回不了林场,恐怕会出大事。想到这,我就和森调队老张商量,让其他人先回去,我们再去山里找他们。老张一听什么话也没说,和我一起转身重新又奔向山里。雪越下越大,我们走过的脚印已经被掩盖得无影无踪,心想他们两个人如果始终都在一起还好,即使雪再大,天黑了,可以互相壮胆,有依靠。要是分开的话,可就糟糕了,说不定会遇到危险。我俩不由得加快脚步,抓紧时间,抢在天黑前跑到山顶。越往山上去,越难走,已经没有路,全是乱石塘,深一脚浅一脚,磕磕绊绊。到山顶后我们不停地四下高喊,仍然没有回应。因为大雪盖住了脚印,无法判断他们的去向,只好估计他们可能去的方位,在山上转了很久,嗓子都喊哑了,还是

> 冬季野猪的窝巢

没有回应。这时天已经完全黑下来了，靠雪地的反光，还有点亮。就这样找可能还是不行，我们决定下山看他们是不是已经回去了，假如还没回去，必须同林场的人一起连夜寻找。

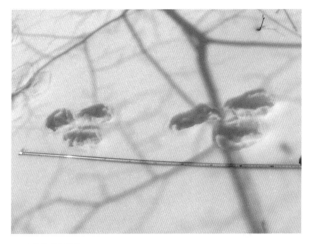

> 雪兔的足迹

当我俩回到山下路口的时候，突然看见横在道上一根木杆上的标记，在雪地上还画了指向回林场的箭头。一直悬着的心这时才算落了地。我们也放心地往回走，可是感觉又饿又累，两只脚像灌了铅一样，每走一步都觉得非常艰难，只能慢慢地移动。正走着没想到后面传来呼喊声，仔细一听，是娄跃。这才明白，在地上做标记的是张子龙。

我们回到林场已经是晚上9点多了。其实娄跃和张子龙根本就没在一起，开始张子龙跟着娄跃的脚印，直到下雪时他也没追上娄跃，后来看不见脚印时，已经走出去很远。他想往回走，因为下大雪找不准方向，又看不到来时的脚印，走到另一条山沟，感觉不对，再重新找来时的路，耽误了时间，很晚才赶回来。娄跃在前面腿脚快，根本不知道走出去了多远，当他发现自己可能离其他人太远了，正下大雪，弄不清已经过了几个山梁，他想从另一条的山沟走回林场，但是又害怕天黑走错方向，只好尽量寻找原路往回走，因此花费了很长时间。

# 第七章

# 守望东北虎

　　中国有一句成语"解铃还须系铃人"。虽然古时候人类因惧怕、赞叹、敬仰的情感把东北虎称为"山神爷"，但现在真正主宰虎命运的却是人类。过去由于人类生存和发展的需要迫使虎失去了家园，随着经济的发展，社会文明和谐与进步，通过全社会各阶层的不断努力，也必将能够为野生东北虎恢复和重建更加美好的乐园。

# 一·走下神坛的"山神爷"

在我很小的时候，曾经听爷爷讲过，在老家辽宁凤城县境内有虎在村宅附近捕食家畜，我爷爷的爷爷曾用镐头和木棒打死过老虎，当时还是清朝光绪年间。那时候，打死虎是为民除害，被称为"英雄好汉"，还受到州府官衙的褒奖。爷爷管虎叫"老犸子"，到现在已经几十年过去了，我却始终没明白为什么这样称呼虎。最近查一些资料，才知道在辽东一带，过去老百姓的确把虎称为"老犸子"，但是没有确切的解释，也许很早以前人们就这样称呼最凶猛、可怕的野兽，并一直传承下来。在山区农村，过去小孩子不听话或者哭闹不止，只要大人说"别哭了，再哭'老犸子'来了"，小孩就会吓得马上停止哭闹。

一百多年前，辽东半岛仍然有东北虎分布。据记载，在20世纪初，沈阳张氏帅府第三会议室曾经摆放过2只活灵活现、威武漂亮的东北虎标本。那是张作霖的结拜兄弟汤玉麟为了消释前嫌，将在丹东凤凰山猎获的东北虎制成标本送给他的。张作霖将2只东北虎标本视为镇宅之宝，第三会议室也因此被称为"老虎厅"。1929年1月10日，张学良以"阻挠新政，破坏统一"的罪名，下令将奉系元老杨宇霆和当时的黑龙江省省长常荫槐在此处决，"老虎厅"因此名扬四海。

虎被称为"老犸子"，是因为其凶猛可怕。而满族的发祥地长白山林区的人们却把虎奉为"山神爷"。究其原因，或许是早期人们生存处于原始状态，落后的生产力无法与自然抗衡，但是他们又必须从自然界中获取生活资料，于是便把自然界的主宰者赋予神的色彩，祈求山神降临福祉，护佑风调雨顺，四季平安。早期满族旗人，多以渔猎作为生计，清朝也把发祥地的臣民设为"打牲丁"，用来管护山林或向朝廷进贡山野物产、珍稀毛皮等，在一些方志史料中曾多有记载。人们长年累月与山林打交道，免不了会发生一些危险和意外，通过崇敬山神爷作为心理暗示和自我安慰，

> 山神土地庙地点

自然而然地形成带有封建迷信的风俗习惯。例如，在山上修建山神庙，或者用木板制作非常简单的山神小庙，写上牌位，立在山脚下，供奉山神；林区大的生产经营活动如采伐作业，在开工之前，要举行祭拜山神的仪式；过去林区人常在大山里活动，也有许多讲究，要进山时绝对不能说不吉利的话，遇到蛇不能喊蛇，要叫"钱串子"，在山上休息时，不能坐在树伐倒后留下的树墩子上，因为树墩子是山神爷的饭桌子等。但是林区的人，自古以来就有"靠山吃山"的观念，他们知道怎样才能长久地利用大森林里的珍贵物产，真正的当地少数民族猎民在很早的时候就有"动物繁殖期不狩猎""打大不打小、打公不打母""不毁坏巢穴"等约定俗成的规矩。后来，由于汉族人的大量迁入，带来了农耕文化，另外山野物产再丰富也满足不了这么多人去分享，因此，满族人也与汉族人一样，只有利用土地才能维持稳定的生计，野生动植物不再是他们的衣食之源、生存之本。然而他们依旧把虎作为"山神爷"供奉，因为虎能够捕食那些有蹄类动物，像野猪等动物经常毁坏农作物，虎可以调节野猪、马鹿、黑熊等兽类的种群

> 东北虎的足迹链

密度，一定程度上减少了野兽对庄稼的破坏。

随着掠夺性的森林资源开发，"山神爷"也不知不觉远走他乡。尽管东北虎在东北林区数量已很少，但并没有绝迹，只是分布区仍然在逐渐退缩，原来曾经有东北虎分布的长白山和大、小兴安岭已经见不到东北虎活动踪迹，其种群数量也在大幅度下降，使得原本充满生机活力的大森林，伴随着东北虎等许多大型兽类的消失和减少，逐渐变得空旷和死寂，东北虎的未来堪忧！

东北虎作为珍稀濒危动物保护的旗舰种，早已得到国家的高度重视，政府一直在为保护和挽救濒临绝迹的野生虎种群积极努力：将东北虎列为国家一级重点保护动物，严格加以保护；制订《中国野生虎保护行动计划》；编制《全国虎保护工程总体规划》；在东北虎栖息地建立自然保护区；资助开展东北虎野外调查和种群动态监测；推进东北虎栖息地和种群恢复；全面实施天然林保护工程，改善野生东北虎的生存环境。除了国家林业局和地方野生动物保护管理部门对东北虎保护的关注支持外，国际野生动物保护组织、国内科研院所和基层野生动物保护管理人员也付出了极大努力。正是这漂亮并且充满灵性的兽中之王，在它们坚守的最后阵地——大森林中发出求救信号，使得一些有远见、富有同情心和责任感的人们，长年累月地守望着东北虎，无论严寒酷暑始终奔波于茫茫的林海之中，默默地承担起这份责任。

# 二·救助迷失的幼虎

2010年是中国农历庚寅年，虎年。春节刚过，完达山林区却发生了一件奇怪的事情。1只不到一年龄的幼虎与母虎失散，被困于深山养路道班的木桩子垛夹缝中。林业局野生动物保护管理部门闻讯后，立即组织人员营救并且寻找丢弃幼子的母虎，试图通过救助调养，待幼虎恢复健康之后，再放回到野外，送回给母虎继续抚养。这只幼虎的出现，有力地证明了我们多年监测的结果：在完达山林区仍然存在有繁殖能力的母虎，也就是说这里还有东北虎的家族种群。

尽管1999年东北虎国际合作调查，做出中国境内野生东北虎仅有少量游荡个体，已经没有繁殖种群，但完达山可能是个例外的结论。可是，在媒体报道或者大多数人的推测中，中国境内已经没有有繁殖能力的母虎，仅仅在边境林区有少数游荡的个体，认为中国的东北虎都是从俄罗斯边境过来的。其实并不是这样，中国分布的东北虎在过去的几十年虽然种群数量大幅度下降，分布区也在逐渐退缩，但是，在东北虎的原始分布区仍然保留有部分较小的繁殖种群。这次发现幼虎可以证明这一点，在以往的东北虎野外监测中，也证明了在完达山林区仍然存在有繁殖能力的东北虎家族群。例如，2006年4月9日，东方红林业局五林洞林场70林班，监测员发现1只母虎带领1只幼虎活动的足迹链，母虎足迹掌垫宽度10.5厘米，幼虎掌垫宽度8厘米，接近亚成体。2007年3月的一个傍晚，东方红林业局河口林场书记秦英等5人，乘坐一辆吉普车赶路，在林中道路上遇见2只东北虎幼虎，距离仅有六七米远，幼虎尾巴又粗又长，体重估计在40千克。第二天，监测员闻讯赶到现场，找到了虎足迹。2009年8月15日，迎春林业局五泡林场东北虎监测站长董红雨在五泡林场与青山林场交界处，发现了1只母虎带领1只幼虎一起活动的足迹，并且拍摄了足迹照片。

> 母虎和幼虎的足迹（董红雨摄）

这只被困的幼虎是不是2009年8月董红雨监测到的那只幼虎呢？根据东北虎繁殖习性和幼虎生长发育推断，很可能就是监测到的那只母虎带领的幼虎。因为迎春林业局五泡林场与东方红林业局青山林场和海音山林场相邻，发现地点相距不超过20千米，是在一只雌虎领域范围内。如果幼虎在5个月龄时跟随母虎活动，那么那只幼虎应该在10个月龄左右，也基本上与这只幼虎相符。

在野生状态下，东北虎母虎产仔后，要抚养幼虎19~21个月，当幼虎具备独立捕食能力时，将会被驱赶离开母虎，独自寻找自己的领地。公虎不承担抚养幼虎的责任。母虎在完成哺育幼虎之后，才能再次发情与公虎交配。母虎的繁殖周期间隔时间为2.5~3年。东北虎发情交配期基本上是在每年12月到第二年2月期间。繁殖期雌虎和雄虎活动范围大，经常发出响亮的吼叫声，或者繁殖期尿标记以特殊气味传递相互联系的信息。东北虎的妊娠期为105~112天，怀孕后期母虎的食量逐渐增加，以保证胎儿生长发育的营养需要。幼仔通常在母虎领域中核心区的隐蔽环境中出生，产仔地点在人和其他动物无法到达的石砬子缝隙内、岩石山洞等安全隐蔽处。野生东北虎一般1胎产1～3仔，极少胎产4仔。1胎幼仔一般仅有1～2只可以成活。幼虎出生后4～5个月内完全靠母乳喂养生活，在5个月龄时幼虎能够吃捕食的猎物，离开出生的巢穴自由活动。稍大一点，母虎会把它们带在身边，教给它们捕猎的本领。

这年冬天，完达山林区雪太大了，漫山遍野到处都是厚厚的积雪。2010年2月25日早晨天刚亮，东方红林业局海音山林场养路道班韩德友家养的小狗围着桦子垛不停地狂叫，韩德友才发现柴垛缝隙中被困的奇怪动物。他赶紧打电话向有关部门汇报。林业局主管领导和野生动物保护管理人员及时赶到现场，经查看，确认是1只野生东北虎幼虎，随即采取措施进行救助。这只幼龄东北虎怎么会与母虎失散呢？在正常情况下，没有独立捕食生存能力的幼虎是绝不会离开母虎的。即使是在森林中走散，母虎也会通过气味、叫声等寻找到幼虎。也许是因为有其他原因，这只幼虎才会被母虎遗弃，如幼虎患有某种疾病，生长发育不良，不能正常运动奔跑，在这风雪弥漫的严冬，大雪太深，动物活动和捕食很困难。我们推测，在母虎本身受到生存威胁时，会不得不将发育不良、不能跟随活动而难以成活的幼虎遗弃，在极端情况下，甚至有母兽杀死幼仔的可能。

由于还不清楚尚不具备独立捕食活动的幼虎却与母虎失散的原因，林业局一面派人保护现场，一面联系有关救护专家，积极营救幼虎。希望能将幼虎救活，然后再送给丢失它的母虎。26日早晨，黑龙江省横道

> 救助的幼虎（陈小红摄）

河子猫科动物繁育中心派出的兽医师赶到现场，通过实施麻醉立即将幼虎从柴垛中解救出来。经初步检查，幼虎的身体完好，除瘦弱外并没有外伤。当幼虎被装进一个特制的铁笼子中，注射解药苏醒后，呈现出惊恐的神态，发出"呜、呜"的吼叫声。林业局找了一个僻静安全的地方对这只幼虎进行细心调养。我接到通知后，在27日早上赶到东方红林业局，看见铁笼中的幼虎一动不动地趴在里面，头偏向一侧闭着眼睛，来人到近前它也没有任何反应，放在笼中的白条鸡和牛肉一点都没动。因为幼虎的情况很不好，不吃东西，没有精神，外面又很冷，这样下去十分危险。经过商量之后，我们把这只幼虎放进一个温暖的室内车库里面，然后给它注射抗生素药物，又在食盒中添加了2袋牛奶、2个鸡蛋。为避免惊扰它，还在车库安装了闭路监控器，以便观察活动情况。林业局考虑到这只幼虎需要一段时间的饲养调整，必须找一个适合长期饲养的场所。我和动物保护科的同志去看了几处闲置的厂房，最后确定一处进行修理加固，用来养虎。在幼虎被放进车库以后，夜间观察记录到幼虎能站起来活动，并且到食盒中舔食牛奶、鸡蛋，大家这才松了一口气，认为情况有些好转，也许有救助存活的希望。

> 被救助的幼虎

28日上午9点30分左右，我和兽医师刚刚从药店买了一些药品和营养液来到饲养幼虎场所，准备给幼虎输液，一些记者早已等候在那里，准备进行临时采访。当我们进屋看监控录像时，一直守护在监控室观察记录幼虎状况的杨继文告诉我们，从早上开始幼虎的反应异常，有生命危险。从画面上看，幼虎的状况非常不好，呼吸急促。没过多久，在10点20分时，幼虎已经不动了。大家赶紧去车库，把门打开，发现幼虎静静地躺在铁笼中，已经死亡。

林业局野生动物保护科杨丽娟科长，从发现被困的幼虎后，为抢救幼虎、寻找母虎、安排养虎忙碌着，顾不上吃饭和休息。当得知幼虎死亡后，她深感遗憾和痛心，长时间地站在幼虎的尸体旁，恋恋不舍地用手小心地抚摸它。虽然这次发现幼虎可以证明完达山林区仍然存在可繁殖的野生东北虎种群，但是毕竟东北虎的数量还是十分稀少，如果这只幼虎能够活下来，再回到森林中，那该多好啊。大家惋惜着将这只幼虎和测量体尺的标签一同封存起来，放进了冷藏室里。标签上记录着：2010年2月25日，东方红林业局海音山林场，9~10月龄幼虎，雌虎，体重28.5千克，体长105厘米，尾长64厘米，耳长11厘米，肩高51厘米，胸围61厘米，臀高54厘米。

东北虎数量如此稀少，难得一见的幼虎是延续和恢复这一珍稀物种的希望，人们救助幼虎的愿望是好的，总是用尽一切努力，争取救助成功。但是，野生动物毕竟野性十足，食肉动物更是如此，即使健康的个体，被捕捉后靠人工饲养下都难以存活，何况极度虚弱、生命垂危的幼体。根据这只幼虎的测量数据分析，它的身体呈高度营养不良，发育迟缓，非常瘦弱，体重约为正常日龄个体的一半，也不排除可能存在某种疾病。分析认为，在自然环境中，这只幼虎身体非常虚弱，已经很难度过这个严寒的冬季，因此，很可能是被母虎遗弃的。

林业局野生动物保护管理人员不仅积极抢救这只幼虎，还安排了林场东北虎监测员到野外寻找丢失幼虎的那只母虎。正当这只幼虎因抢救无效死亡的时候，监测员报来了消息，他们在青山林场发现了1只母虎的踪迹，这只母虎很可能就是幼虎的母亲。幼虎虽丧失，但母虎安生，这个消息给因失去幼虎而悲伤的我们带来了一丝安慰。

黑龙江省博物馆得知完达山野生东北虎幼虎抢救无效死亡的消息后，深感惋惜，他们也提出，如果能将这只幼虎制成标本供科学研究和陈列展览，将具有深远意义和重要价值。于是，通过申请和报批，黑龙江省森工总局和东方红林业局将这只幼虎的尸体无偿地捐赠给黑龙江省博物馆，作为国家一级重点保护物种的珍贵标本，来生动鲜明地展示黑龙江省这片广袤地域的特色自然资源。

# 三 · 水库边虎尸之谜

　　2011年10月27日清晨，黑龙江省密山市富源乡富生村村民刘义松去自家农田地里干活，当走到水库岸边时，他发现一具疑似东北虎的尸体，于是立即向当地派出所报案。富源乡边防派出所民警闻讯后当即赶往现场，发现1只东北虎躺在水库岸边，已经死亡。东北虎体长约2米，尾长约1米，体重约200千克。为什么这只体型硕大的成年东北虎会死在水库边呢？这只东北虎是从哪里来的？是野生虎还是饲养的虎？这些都成了疑问。边防派出所民警马上向当地乡政府和林业部门通报了情况，对东北虎死亡区域进行看护并疏散围观群众，等待林业公安和野生动物管理部门调查处理。

　　密山市位于黑龙江省东部与俄罗斯交界的兴凯湖西部。密山青年水库是1958年5月十万官兵开发北大荒时修建的，位于密山镇以北13千米。水库

> 　水库边的东北虎尸体　（孙云阁　孙海淇 摄）

水面面积1.138平方千米,库容量3.57亿立方米。大坝横栏东西两山之间,长1 750米,高14米。水库周边大多是农田,也有部分靠近山边的地带具有天然次生林。密山历史上曾经是东北虎的分布区,但是,由于几十年来的农业开发、人口增长、道路修建和生产活动的影响,东北虎早已不见踪影。当地村民把水库边出现东北虎当成一件奇事议论纷纷。

其实,在水库岸边发现东北虎尸体之前,就有村民看见一只体型很大的东北虎在水库边活动。2011年10月17日清晨,富源乡民富村村民韩宝贵去水库边地里收苞米杆子时,发现不远处靠近农田地的水库岸边趴着一个动物,仔细一看,身上有黑色条纹,很像是东北虎,当时就吓蒙了,韩宝贵缓过神后赶紧给派出所打电话报案。就在这时,东北虎也看见有人,便慢悠悠地进入水库中游走了。黑龙江省林业厅得知这个消息后,立即给我打电话,当时我正在吉林延吉开会,便通知卢向东等人立即赶往密山,现场核实东北虎信息。他们在东北虎活动的位置发现了一串清晰足迹,显然是大型猫科动物留下的,根据足迹测量数据和村民对动物外形的描述,认

> 林业公安和野生动物管理部门在查看东北虎尸体

为是1只成年雄性东北虎在水库周围活动，遇到人为活动干扰后立即进入水库中躲避。因为发现东北虎时正值秋收季节，野外农田地里干活的人较多，在确认是东北虎之后，林业部门一边对村民进行安全宣传教育，一边组织人员上山清套子，希望不要伤害东北虎，也提醒村民注意安全，避免受到东北虎的伤害。

当地村民对密山发现东北虎感到十分新鲜，一时间大街小巷、田间地头都能听到各种议论。年龄较大的人说："我在这里生活了五十多年，从来没听说有东北虎，这山里头都是小树能藏得住东北虎吗？"曾经见过这只东北虎的人说："这只东北虎虽然个头挺大，但是很温顺，走路慢悠悠的，好像是马戏团里的虎。"也有人说："这只东北虎是从俄罗斯那边过来的，俄罗斯那边虎多，听说最近俄罗斯马戏团跑出来一只虎。"还有人说："不可能是虎，在这里多少年了，哪会有虎，要是有虎的话，抓野兽吃挺难，它为什么不去吃地里的牛啊羊啊？"说来也真是挺奇怪的，青年水

> 检查死亡的东北虎

库发现东北虎已经很多天了，这只东北虎吃什么呢？秋天地里边也有牛和羊，为什么没有被捕食呢？东北虎能在水中捕捉鱼类为食吗？

　　为了查找这只东北虎的死亡原因，10月29日，我和黑龙江省林业厅关昀、邵伟庚来到密山市林业局。听完林业局工作人员简单介绍发现死亡东北虎的过程后，我们来到暂时存放东北虎尸体的库房，对其进行检查。这只东北虎体型较大，毛色艳丽，体况很好，是成年雄性个体，正值壮年，估计在6年龄以上。通过测量，体长189厘米，尾长93.5厘米，肩高96.5厘米，耳长14厘米，前掌大小为14厘米×15厘米。经过外观检查，体表无伤痕，由于湖水浸泡和风浪冲刷，尸体头部皮肤有少量被石块摩擦的痕迹，身体贴地面一侧的毛是湿的，毛皮中有淤积的泥沙。当检查到虎的颈部时，密集的毛被中缠绕着一根铁丝套子，紧紧地卡在脖子上，这个套子是被挣断的，套子上有湖中的淤泥，显得很陈旧。检查完东北虎尸体之后，我们又去查看发现东北虎尸体的地点，这时天已经黑下来了，水库边东北虎死亡处

> 老虎颈部的铁丝套

还留有标记，靠近水边全是石头块，我们用GPS测定地理位置，并做了记录。第二天，这只东北虎被运回哈尔滨市，经专业兽医师解剖检查，除了脖颈铁丝套子是致命的因素外，东北虎其他部位和组织器官均属正常，没有外伤和其他疾病，仅在口腔和气管中因呛水带有少量泥沙。东北虎的胃和肠道全是空的，非常干净，估计是很长时间没有吃过任何食物。根据体型和身体器官发育推测，这只东北虎正处于青壮年时期。

通过分析，10月17日出现的东北虎和10月27日水库边死亡的东北虎，测量的足迹和掌垫宽度数据基本一致，是成年雄性个体，可以认为是同一只东北虎。可以推断，这只东北虎在17日以前就已经被铁丝套子套住，虽然挣断了套子，但是柔韧细软的铁丝还是紧紧地勒在脖子上。中了套子的东北虎无法捕食猎物，进食也困难，由于饥饿四处游荡，因此来到了水库边。当时正是秋季，水库周围农田多，人类活动频繁，干扰严重，野生动物总是行动隐蔽，所以它尽量躲藏在水中。由于长时间不能捕食，过度饥饿，机体衰弱，再加上水库中风浪很大，最终导致这只东北虎心力衰竭而死。17日发现东北虎的地点是富源乡民富村，位于水库的南岸，而东北虎的尸体却在富源乡富生村被发现，在水库的北岸。这主要是与当天的风向有关，东北虎死后，尸体被风浪推向岸边。密山已经很多年没有发现东北虎了，这只东北虎一定是从相邻区域过去的。通过调查，当地既没有饲养的东北虎，更没有走失的东北虎，可以证实是野生的东北虎。这只野生东北虎到底是从哪里来的呢？因为在密山周边没有监测到东北虎活动的信息，一时不好做出判断。密山青年水库位于完达山和老爷岭中间地带，根据我们的监测，老爷岭北部虎的数量很少，并且城镇、村屯、公路、铁路和大片农田的隔离，即使有东北虎也很难越过密山到达水库。俄罗斯的东北虎也不会越过兴凯湖到密山。综合这些数据，这只东北虎有可能来自完达山东部的虎林市境内，最近几年监测显示完达山东部的东北虎有向西部扩散的迹象，而虎林市境内森林植被连接较好，隔离程度相对较低，东北虎才有可能游荡到密山青年水库一带。

谁是害死东北虎的凶手？显然是偷猎者下的套子惹的祸。虽然实施全面禁猎已经十多年，但是仍然有极少数人为了谋取私利，偷猎野生动物。

这些年通过天然林保护，森林植被逐渐恢复，野生动物也随之丰富起来，偷猎者下套子虽然主要是为了套野猪、狍等赚钱或吃肉，但近年来发生的东北虎死亡事件却基本都是套子造成的。小小的铁丝套，危害太大了，套猎不仅减少了有蹄类动物的种群密度，导致东北虎等捕食性兽类食物匮乏，而且由于东北虎追踪猎物，也会偶尔误入套子丧命。用于捕猎的铁丝套子，取材方便，制作简单，价格低廉，很难被发现，给管理者预防和控制造成很大困难。惨痛的教训再次警告人们，保护东北虎和野生动物，必须杜绝下套子，套子的危害非常严重。杜绝下套子，首先要在林区加强野生动物保护的宣传教育，要提倡不吃野生动物；其次要严厉打击非法偷猎野生动物的行为，加强野外巡护管理力度，对于肆意猎捕野生动物者要依法惩处，绝不姑息。保护野生动物，保护东北虎是全社会的责任，必须树立爱护野生动物的良好社会风尚，才能做到人与自然和谐相处。

# 四 · 猛虎归来取黄犊

　　2013年7月，黑龙江省森工总局所属的桦南林业局发现了疑似东北虎的足迹，并且还发现它捕食了林中放养的黄牛。林业局野生动物保护管理人员给我打电话，把他们拍摄的足迹照片发过来，让我认定是不是东北虎的足迹，并且邀请我去现场进行核实。桦南林业局位于完达山西部，在桦南林业局与双鸭山林业局交界处的七星砬子周围，过去曾经是东北虎主要的栖息地，20世纪80年代初期，黑龙江省已经批准建立以东北虎为主要保护对象的自然保护区。可是，后来由于人类生产活动的干扰，周边生态环境发生巨大变化，到20世纪90年代初这里栖息的东北虎已经不见踪迹。相隔将近20年时间，如今又发现这一珍稀物种重现这片森林中，我还有些半信半疑。当看到拍摄的足迹照片时，我相信这是真的，照片上的足

> 　东北虎的足迹（代雨仙摄）

迹清晰可辨，趾和掌的痕迹以及足迹大小完全符合大型猫科动物东北虎的足迹特征。

7月7日，我和黑龙江省森工总局张树森处长来到桦南林业局，资源科科长代雨仙等人和我们一起去永青林场勘察牛被捕食的现场。养牛点距林场场部大约10千米，位于桦南县通往双鸭山的公路边，道上靠山脚下一块平地用栏杆围起来圈牛，对面公路下边有发现的东北虎离去的清晰足迹。我们首先查看了东北虎足迹，代雨仙在牛被捕食后来核实信息时，发现的大型猫科动物足迹非常清楚，为了防止足迹被破坏，特意用盆子扣在足迹上。没想到，由于连着几天下雨，留下足迹的地方都是低洼处，掀开铁盆，足迹上面已经全部浸满了水，几个足迹全是如此。幸好尽管水淹没了足迹，但还能看出足迹中脚趾和掌垫位置的轮廓。经过测量，足迹大小为14厘米×15厘米，掌垫宽10.3厘米。足迹行进方向是捕食后离开事发地

> 被雨水淹没过的虎足迹

点，向南部的森林走去。

随后，养牛户车世国给我们讲述了事情发生的经过。6月28日晚上的后半夜，大约凌晨3点钟，约100米远的牛围栏处传来低沉的牛叫声，他和老伴估计可能有其他动物来到牛栏附近，但是心里想，在这里养了几年牛，从来没有发生过牛被动物伤害的事，况且牛在围栏中，以为没什么事，也就没去查看。到第二天早上，他来到围栏边时却大吃一惊，一头黑色大母牛趴在围栏外边空地上，身上多处受伤，奄奄一息，脊梁骨被折断，已经站不起来了，这只母牛生的一头小牛也不见了踪影，直到后来都没有找到小牛的下落。仔细查看，他发现地上除了牛的脚印外，还有从来没见过的圆形大脚印，估计是来了大动物，所以立即向林业局汇报。

虎的嗅觉、视觉和听觉都很灵敏，虎在森林中活动，很容易发现有蹄类动物并且发起攻击。我们根据查看分析，还原了一下现场。牛栏中大约

> 山边的养牛围栏

有40多头牛，东北虎捕食首先选择最容易捕捉的弱小个体，不到一岁的小牛成为攻击的目标。大母牛具有护犊的天性，见自己的幼仔受到威胁，不顾一切跳出一米多高的围栏，与东北虎展开激烈搏斗。打斗现场一片凌乱的足迹，被践踏过的青草东倒西歪。老牛毕竟不是猛虎的对手，几个回合下来，东北虎的利爪抓入牛的皮肉，将牛扑倒在地，尖锐的牙齿，强大的咬合力，致牛皮开骨断。当大母牛完全丧失对抗能力时，东北虎便叼起小牛逃之夭夭。

养牛户夫妻俩住在大山中用塑料布搭起的简易棚子里，起早贪黑地看管这群牛，没料想出现这种事情，当他们知道牛是被东北虎咬死的，心里很害怕。这次造成的损失已经很痛心，但更担心东北虎会再来，就想不在这里养牛了，决定干脆把牛赶回去算了。林业局工作人员得知情况后，考虑到既要保护好东北虎，也要尽量解决好人与虎的冲突，减少群众的经济损失，决定对他们给予一定的补偿。当车世国接过林业局领导送来的补偿款时，很受感动，一再表示感谢政府的关心，自己遭受一点损失算不了什么，东北虎能重新回到这片森林是件大好事，并决定继续在这里养牛。

林业局野生动物保护管理人员告诉我们，东北虎又重新回到桦南林业局这里，已经连续4次捕食放养在山边林子里的黄牛，频频现身露面，似乎是向这里的人们宣告，百兽之王东北虎又回来了。最早一次发现东北虎是在6月18日，桦南林业局局长青林场养牛户翟春宝发现养的牛少了一头，他一边呼唤牛，一边四处寻找，在13林班找到了牛被大型动物捕食的现场。重约150千克的牛，大部分肉被吃掉了，剩下牛头、蹄、内脏和皮。捕食现场留有比较清晰的大型猫科动物的足迹。第二次是6月21日，相隔不远的下桦林场养牛户王道国的牛又被大型猫科动物捕食，地点在4林班。

由于前两次牛被捕食的间隔时间太长，现场痕迹已经消失。我们离开永青林场赶往胜利林场，查看7月3日老虎第4次捕食黄牛的现场。住在山沟里养牛的主人姓徐，75岁。牛被虎捕食的位置距离他住的小棚子大约200米远，老徐指着被踩平了的草地和牛趴卧的地方说："牛就在这被咬伤了，当时还没死，但是已经不行了，伤得很重，站不起来了。"事发现场离树林子很近，这只东北虎将牛咬伤以后，也许是因为有人出来，为了躲

> 访问受损失养牛户

避，也或许是并不饥饿，没有吃牛，而是向后面的树林中走去。我们在林中一个土堆上发现了这只东北虎留下的足迹。足迹大小与永青林场捕食牛的东北虎足迹相似，这几次东北虎连续捕食牛后留下的足迹大小基本一致，初步断定可能是同一只虎。

桦南林业局又重新发现东北虎，并且连续4次捕食放养在林中的黄牛，这让林业局野生动物保护管理部门工作人员有些措手不及，他们既惊喜又担心。惊喜的是仔细算来这里的东北虎已经消失了19年，久别的东北虎能够返回这片森林，表明十多年来的森林保护与恢复已经初见成效，特别是东北虎现有分布区与完达山西部的生态廊道已经具有较好的连通性，东北虎才能又回到这片森林中。担忧的是东北虎能否长期在这里生存下去，东北虎多次出现都是捕食家畜，是因为这里的野猪、马鹿和狍太少而难以捕食吗？更令他们担心的，是这只虎的安全，初到这里四处游荡，山上偷猎的铁丝套子存在一定威胁，林区从事种养殖的人较多，东北虎与人发生冲突怎么办？于是，林业局召开紧急会议，动员群众上山清除套子，各路口增加巡护人员，电视、广播宣传保护野生动物，提醒进山劳动和放牧点的人员要注意安全，避免与东北虎发生冲突。

正在桦南林业局为这只突然出现的东北虎担心的时候，相邻的双鸭山林业局又传来了发现东北虎足迹的消息。7月9日，在安邦河林场46林班，当地在山里采灵芝的人发现了东北虎的足迹，并且看见东北虎在山岗上走动。7月11日，在上游林场65林班有人发现了东北虎的足迹，林场派技术员去核实，拍摄了照片，足迹很清晰，测量掌垫宽度为10.3厘米，与桦南发现的东北虎足迹大小相同，估计这只东北虎已经游荡到了双鸭山林业局。7月14日，在上游林场67林班，一位放牛的村民发现了东北虎捕食一头野猪的痕迹，现场留有被吃剩的野猪残骸和皮毛。

> 双鸭山林业局工作人员发现的虎足迹

这只重新归来的野生东北虎，给完达山西部东北虎种群恢复带来了希望。自从天然林保护工程实施以来，桦南林业局从限制木材采伐到停止采伐，森林植被逐渐得到恢复，有蹄类等野生动物也在逐渐增多。通过实施撤并林场，有的林场已经全部搬迁，林区人口大幅度减少，降低了对野生动物栖息地的干扰和破坏。东北虎又回来了，这是件多么值得庆幸的喜事！但更重要的，是要能够留住东北虎，能够吸引更多的东北虎回到这片森林，能够重新建立起可持续的繁殖种群，这才是我们真正希望的。

　　在沉寂了一段时间后，同年11月4日，又从佳木斯市桦南县林业局石头河子林场传来了有3头牛被大型动物咬伤、捕食的消息。牛被咬伤、捕食的地点位于国家重点生态林内，山坡下泥地上留下了清晰的大型猫科动物足迹，经测量掌垫宽10.5厘米。由于自从6月份桦南林业局发现东北虎之后，双鸭山林业局和桦南县林业局连续10多次发现东北虎捕食和活动痕迹，如果都是同一只虎的话，那么这只虎在完达山西部已经活动5个月时间，证明它已经适应了这里的环境，具有一定的生存能力了。但是，寒冷的冬季即将来临，厚厚的积雪，缺乏隐蔽物的森林，捕食和藏身将是对兽中之王严酷的考验。

# 五 · 大山里的守望者

　　在完达山林区，凡是知道董红雨的人，都把他的名字和东北虎联系在一起，因为他为保护东北虎付出了很多。他是黑龙江省森工总局迎春林业局五泡林场资源监督站站长，从小在林区长大，熟悉这里的山山水水，了解大森林中的各种野生动物，曾经也像当地猎人一样钻山林下套子，逐渐成了一名好猎手。1990年开始的野生动物资源调查，成为他人生当中一个重要的转折点。黑龙江省野生动物研究所专业技术人员来林业局开展野外调查，董红雨既年轻力壮又非常熟悉当地的野生动物，林业局派他当向导。一连几个月，他与调查队队员朝夕相处，耳闻目睹野生动物是国家的宝贵资源，特别是东北虎等珍贵稀有物种，已经到了濒临绝迹的边缘，如果不尽心竭力去保护，它们在野外消失，将是大森林的悲哀，也是我们一代人的悲哀。看到森林中的野生动物在渐渐变少，他开始悔悟，决定不再狩猎。1991年冬天，一次意外的发现，对他触动很大，也是他与东北虎保护事业结下不解之缘的原因。那年冬季雪很大，森林中地面上的枯枝落叶被白雪盖得严严实实，从伐区回来他发现了雪地上一串奇怪的足迹，凭多年的经验，他断定是虎的足迹，但是在足迹旁边还有拖雪痕迹，估计这只虎可能中了套子。向前跟踪又发现了积雪上留下的斑斑血迹，知道虎受伤很重。为了弄清这只东北虎的情况，他连续跟踪了两天，这只虎已经从五泡林场转移到东方红林业局的青山林场，第三天，他找到了虎死亡的现场，可是虎尸体已经被别人弄走了，现场只有雪地上的痕迹。这件事至今让他难以忘却，可怜的东北虎竟死于偷猎者布设的小小钢丝套。每当谈起这件事，董红雨便忧虑万分地说："在森林里好好的东北虎，被套子活活地勒死了，多可惜！就这么几只虎，还面临生存的威胁，简直太残忍了，下套子的人太可恨！"这件事之后，他从狩猎爱好者彻底转变为一个野生动物保护的志愿者。

因为曾经是一个猎人，董红雨了解野生动物的生活习性和活动规律；因为喜欢东北虎，他热心于野生动物保护这项事业。国际野生生物保护学会（WCS）在完达山林区建立东北虎监测站，聘任董红雨兼职作为五泡监测站的站长，他因此成了一名志愿者。董红雨为人忠厚、待

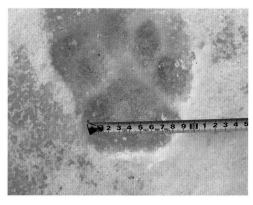

> 冰面上虎的足迹（董红雨摄）

人坦诚，有许多好朋友，监测东北虎只靠他一个人满山转是不行的，必须及时收集当地发现的信息，再立即到现场进行核实。除了周围熟人给他提供信息，他还自费印宣传广告，呼吁人们保护东北虎，保护野生动物，发现东北虎信息及时报告。为了解决野外监测东北虎的交通问题，他自己出钱买了一辆旧吉普车，有了车对东北虎监测和打击偷猎者方便许多，可以保证及时赶到现场核实东北虎的活动痕迹。野外监测必须记录和保存原始的基础资料，国际组织提供的仪器设备仅仅是一台普通的照相机，远远不能满足工作的需要，他就自己花钱买摄像机、笔记本电脑和全球卫星定位仪等必需的设备。买车和仪器设备是不小的开支，对于每月工资不到1千元的董红雨来说，已经难以承受。可是，监测人发现东北虎活动足迹后，不仅要告诉他，还要和他一起到深山密林中去核实、收集资料。就是不给监测人信息费也得给人家一些劳务费吧，这项支出再加上汽车燃料费，一年下来总得几千元。他把家里多年的积蓄全都用到东北虎保护这项事业上，妻子虽然支持他的工作，但是免不了要跟他发发牢骚、闹闹脾气，孩子要上学，老人要赡养，家里过日子都需要钱，怎么办？董红雨只好默不作声，还是一心一意做他的事。他除了在单位正常工作以外，没有休息天和节假日，不管白天黑夜，把自己的全部精力都倾注在东北虎和野生动物保护这项事业上。每年他要到野外上百次，监测到几十次东北虎活动的可靠信息，能够准确地掌握他所监测范围内东北虎现状和活动规律。并且经常与相邻的东

> 董红雨

北虎监测站站长刘金旭、高克江互通信息，共同到野外开展监测，研究东北虎的活动。

最让董红雨担心的是东北虎的安全。按理说，国家早已颁布了《野生动物保护法》，民间的猎枪已经全部被收缴，广播、电视、报刊对保护野生动物特别是东北虎的宣传也达到了家喻户晓的效果，虎又是兽中之王，不应该再存在被人为伤害的危险。可是偏偏有个别利欲熏心之人，在森林里下套子，套野猪、狍等，偷偷地干着不法勾当。不曾想虎也会不小心钻进套子，虎一旦被套，就是凶多吉少，这种事在东北林区发生过好几次。林业局每年冬季都组织人上山清理套子，董红雨和大家一起行动。平时上山他也是注意观察，发现套子就清除掉。这么大的林区，要想把套子清除干净，确实挺困难，冬季树叶落了，到处茫茫白雪，还容易找到套子，其他季节森林里枝叶茂密，就很难找了。铁丝套子成本很低，下套的人往往过了冬季也不收回来，放在山上随时都会对动物构成威胁。套猎不仅对虎的生命存在直接危害，随着野猪、狍和马鹿数量的减少，虎的食物缺乏，也间接地影响东北虎生存。董红雨在林区时刻注意观察进山的可疑人，教育、盘查和抓捕偷猎者。有的人冬季在山里转，明明是上山下套子，因为没有携带猎物和猎具，就是不承认，让你没办法，只好对他做一番宣传教育；有的人在山里被堵着了，也搜出了猎物，却装出一副可怜相，并且发誓再也不干了；有的偷猎者看见有人来了，撒腿就跑，如果去追赶，他会把猎物甚至棉衣都扔掉，也不让你抓住。由于打击偷猎者，董红雨得罪了一些人，在临近春节时收到恐吓短信，董红雨并没有理会。可是有一天晚上，听到外面有人喊他出来，他还不知道怎么回事，出门没几步就发现一伙人拿着棍棒，冲他打了起来，董红雨只身一人，在没有戒备的情况下哪里能打得过这伙歹徒，最后受了伤。吃药休养了几天，可是妻子李梅却抱怨地说："那么大的山，你能管得过来吗？这些人报复你，要是把你打残废了，以后可怎么办？"这件事确实让董红雨懊恼了一阵子，但过后一想，偷猎是违法的，也毕竟只有少数，他们的所作所为见不得阳光，只要有更多的人来保护东北虎，管理好野生动物，他们绝不敢如此嚣张，正气终归要压倒邪气的。

　　董红雨的父亲是中华人民共和国成立后随着十万官兵开发北大荒来到完达山的，退休后，早已和其他家人回到老家广西，仅有董红雨还留在东北，老人现在年事已高，一直盼望儿子能回到自己身边。可是董红雨却难以割舍十几年来守望东北虎的情怀，始终不肯离开他眷恋的大森林。2008年9月中旬，董红雨连续给我打了好几次电话，忧心忡忡地告诉我："我刚刚得到一个消息，有一只东北虎在东方红施业区被套死了，据说这只虎不太大，可能是一只雌虎。下套子的人是左撇子，已经找到了嫌疑人。"他还告诉我："被套死的虎很可能是我连续跟踪监测5年的那只母虎，这只虎很年轻，死了太可惜了！套死虎的地点离我们迎春五泡林场不太远，完全是这只虎的正常活动范围。"从电话中知道这些

> 在林中找到的套子

> 安装自动相机

天董红雨心里非常难过和失望，这只虎已经成了他的老朋友，在监测中每当他发现这只虎的足迹时，总是格外地兴奋和激动。他焦急地等待着弄清楚，这只惨死于铁丝套的虎到底是不是和他相伴5年的老朋友。在这期间，广西的妹妹告诉他母亲生病住院，让他回去一趟，他犯了难，最后还是决定事情没弄清楚不能离开，只好再拖几天。

1个月之后，董红雨在他的监测区域又发现1只东北虎的足迹链，在进行足迹大小和步幅的测量以后，他格外惊喜，测量数据跟他连续5年跟踪的那只雌虎完全一致，这不就是那个老朋友吗？他情不自禁地连连说"它还活着！它还活着！"在接下来的监测中，董红雨他们发现在这只母虎的活动区域，又出现了1只成年雄虎的足迹，每年的12月，野生东北虎进入发情交配期，平时独来独往的东北虎为了寻求配偶，自然而然地走到一起。董红雨看到在他负责监测的野生东北虎活动区域，繁殖前期有成双成对的东北虎出现，更让他对东北虎保护充满信心，也看到了东北虎种群恢复的希望。

董红雨用自己的实际行动和辛勤汗水，赢得了林区群众的敬佩和同行的赞许，在国际野生动物保护学会组织的野生动物保护"边境卫士"奖评选中，董红雨荣获个人"边境卫士"奖荣誉。在他参加颁奖活动和去国外考察培训时，顺便回了趟老家看望老人以尽孝心。回来之后，他还是一如既往地为保护东北虎在林区奔波。像董红雨一样，还有一些人一些鲜为人知的故事，他们是东北虎的守望者，他们是野生生灵的保护者。但愿通过多方面的共同努力，野生东北虎能够家族兴旺、再振雄风。

# 六·虎林园遐想

初冬的哈尔滨，松花江面上刚刚结上一层薄冰，汽车开过公路大桥，没多远再拐向右边一条简易的水泥路，就到了与太阳岛一箭之遥的黑龙江东北虎林园。

这里有几百只东北虎，是我国最大的东北虎人工繁育基地。在观赏游览区，一道道高大而坚固的铁丝网围栏把东北虎圈在几个空旷的野地里。草木枯黄，落叶飘零，地面上薄薄的积雪留下一条条东北虎走过的足迹，横七竖八地延伸到不同的角落。坐在特制的中巴车上，透过透明车窗，我们能够近距离接触这些"百兽之王"。随着厚重铁门的开启和关闭，游览车沿着园内高低起伏的沙石小路缓缓穿行，色彩斑斓的东北虎随处可见，有单个独处的，也有几只不等聚在一起的，有的趴卧在树丛下，有的站立在围栏边，有的迈着沉稳的脚步行走在小路上。我一边仔细地观察东北虎的行为，一边暗自思忖，多么漂亮的花纹，多么优美的姿态，即使车已经开到了近前，它们仍然是毫无表情，目不斜视，显得高傲、自信，真是不怒自威，虎天生就具有王者的风范。

东北虎林园的东北虎数量一天天在增多，可是我国野外的东北虎却少得非常可怜，总共不过20多只，生活在已经被分割为几个相互独立的分布区，甚至有的还来回游走于中俄边界之间，仍然存在绝迹的危险。众所周知，一个物种一旦灭绝，将永远不会重生，所引起的生态后果必将给人类带来很多遗憾。挽救和恢复野外的东北虎除了加强保护外，能否将驯养的东北虎经过野化训练再重新放归到大自然中去呢？看着眼前威武雄健的猛虎，我不由自主地遐想起来。

在青山绿水之间，万木葱茏绵延不绝，五颜六色的野花点缀着绿茵茵的草地，潺潺清澈的溪水在布满岩石的峡谷流淌。挺拔的红松高耸入云，枫桦、紫椴、香杨笔直的树杆枝繁叶茂，山岗上到处都生长着齐整整的蒙

> 完达山森林景观

古栎，还夹杂着水曲柳、假色槭、黄檗、胡枝子。机灵的小松鼠，拖着蓬松的大尾巴，在树杈之间跳来蹿去。一群马鹿在林缘草地上头也不抬地采食。森林里的狍机警地竖起耳朵，专注地观察周围环境，一有声响他们就会一跃而起，跑得无影无踪。1只东北虎带着2只幼仔，漫不经心地来到小溪边，宽大柔软的前足踩在沙滩上饮水，森林中只回荡着哗哗的流水声。

　　这是从虎林园放归山林的东北虎。它们在寝食无忧的笼舍里长大，已经是第五代后裔，它们在虎林园尽管还保持虎的外表，却因为没有见过大山和森林，没有捕食过任何活的动物，丧失了捕食动物的技巧。当初，为了训练它们的捕食能力，向圈舍投入1只小羊时，它们都能被羊"咩咩"的惊叫声吓得连连后退，有一次竟被激怒的小牛犊子顶了一溜趔趄，捕食小野猪也不知道从哪里下口。可是它们毕竟是虎，有主宰百兽、唯我独尊的天性，通过养虎人年复一年艰苦卓绝地对它们进行野化训练，它们终于完全恢复了虎的本性，能够像它们的祖辈一样，自由自在地徜徉在广阔的森林中，毫无顾忌地捕食原本就属于它们的猎物，野鹿、野猪和其他小动物。至今，它们已经完全能够适应野外自然条件而独立生存，繁衍和哺育后代。

　　巍峨的群山又恢复了几百年前的原始森林，这完全得益于国家实施的天然林保护工程，得益于东北虎自然保护区还有其他各种类型的自然保护区的建设与发展，保护区相互连接在一起，绵延几百里。东北虎告别了所谓可以自由活动的大面积半散养围栏，围栏面积再大也满足不了东北虎活动的领域需求。我们知道"一山不容二虎"，虎是习惯于独来独往，占有特殊领域的庞然大物。在虎园里实在难以计较，拥挤在一起只好相互谦让，哪还会为了争夺领地和配偶与同伴打斗，搞得头破血流、你死我活！只有

＞　公路高架桥下的生态廊道

> 公路隧道 （刘伟石摄）

回到大森林中，才能真正恢复东北虎的野性，才能真正享受属于它们自己的生活，广阔的大森林再次成为东北虎快乐的家园。

人类为了经济的发展，高速公路、铁路和其他建筑设施逐渐向边远的林区伸延，但是人类也已经注意到对野生动物的阻隔，特别是对东北虎栖息地的分割会带来非常严重的后果。于是，人们在修建公路时给东北虎和其他大型兽类设计了足够的生态廊道。两座大山之间架起了又高又长的路桥，桥下还是生长着茂密的森林。一座座群山由打通的隧道相互连接，没有破坏天然植被，更没有改变大山的模样，东北虎和其他兽类可以任意在道路两侧穿行，毫无阻碍。在连接东北虎栖息地的生态廊道，有计划地迁移了许多村屯和作业点，相互隔离的栖息地已经由宽阔的林地连成一片。我仿佛看见东北虎林园里的东北虎自由自在地奔走于大、小兴安岭和东部山地无边无际的森林中，它们来到乌苏里江边，面对滚滚的江水，呼唤对岸的同胞："回来吧，我们的家园明天更美好！"天生就识水性的东北虎，在江水中洗个澡或者玩玩水，只是乐在其中，它们不会过江而去，因生存所迫而背井离乡也早已成为了历史。

东北虎天生就是吃肉的大型捕食者，在东北虎林园虽然不能顿顿享受可口的美餐，但是必须保证肉食。东北虎回归到森林中，野猪、马鹿、梅花鹿、狍、野兔漫山遍野，到处都有活动的踪影，不用为可捕食的猎物缺乏而担忧，可以随意选择捕猎最喜食的动物。随着社会的进步，人们的观念已经完全改变了，不仅杜绝了使用猎枪捕杀野生动物，而且也没有人为了些许蝇头小利到森林里下套子、铗子猎获野兽。过去有些不法之徒经常进到山里下套子，现在人们已经改掉了食用野生动物的恶习，真正实现人与野生动物的和谐相处。

由于生态环境变好了，有了能够充分满足东北虎生存繁衍的自然条件，虎林园中绝大多数的虎都被野化重新放归到大森林中，它们又按照自己的习性占山为王。虎的数量越来越多，栖息地不断地通过种群扩散向四周延伸，不同栖息地之间的虎也可以通过生态廊道频繁地迁移交流，没有了被隔离在孤岛上难以寻找配偶的孤寡流浪者，它们可以自由恋爱组建家庭。完全消除了由于种群隔离、近亲繁殖导致种群退化的忧虑，虎的家族又逐渐兴旺了起来。

中国有一句成语"解铃还须系铃人"，虽说过去人类用惧怕、赞叹、敬仰等情感把东北虎称为"山神爷"，但是真正主宰虎命运的还是人类自己，人是世界上最具有智慧和能力的创造者。由于生存和发展的需要，人类曾迫使虎失去了家园，而今也一定有能力为它们恢复和重建更美好的乐园。封建帝王大张旗鼓的围猎已经成为了历史，为了谋取暴利和炫耀武威到处追猎东北虎的悲剧也绝不会重演。人们为了满足温饱而不顾一切大肆砍伐、放火开荒、掠夺资源的时代已经一去不复返了，如今我们已经清醒地意识到破坏生态环境将付出沉重的代价。让我们共同见证东北虎啸的归来。

# 附录

# 东北虎大事记

1. 虎起源于我国黄河流域中游，据化石记录显示，虎约在第四纪更新世的中晚期就来到了松花江流域。长期适应寒冷气候，逐渐形成个体大且毛长的东北亚种。

2. 1758年，瑞典生物学家林奈为虎定名为*Felis tigris*（Linnaeus，1758）。1929年，R.Pocock另立豹属（Panthera），1844年，Temminck依据朝鲜标本定名*altaica*，依国际动物命名法规，东北虎的拉丁文学名即*Pant hera tigris altaica*（Temminck，1844）。

3. 1925年，第一部东北虎专著出版，巴依柯夫著《满洲的虎》（俄文）。

4. 1935年，国际上首批2处东北虎自然保护区建立。1935年苏联批建2处东北虎自然保护区。（1）锡霍特山自然保护区，面积3 470.52平方千米，主要保护对象为东北虎、东北豹、梅花鹿等，国家一级自然保护区；（2）拉佐夫自然保护区，面积1 165.24平方千米，主要保护对象为东北虎、东北豹、梅花鹿等，国家二级自然保护区。

5. 1952年，苏联成为第一个明令禁止猎杀虎的国家。

6. 1958年，吉林长白山自然保护区建立。面积1 964.65平方千米，主要保护对象为东北虎等珍稀动物和山地森林生态系统。1988年晋升为国家级自然保护区。

7. 1959年，国家林业部《关于积极开展狩猎事业的指示》中指出：稀有的珍贵鸟兽在我国历史文化中具有重要意义，因此必须加以保护。如熊猫、金丝猴、长臂猿、东北虎、梅花鹿等可以活捉一部分供科学研究、文化交流与饲养；不可任意捕杀，防止绝种。

8. 1959年，国务院批转对外文化联络委员会《关于我国珍贵动物出口问题的请示报告》，将东北虎、雪豹、小熊猫等作为第一类限制出口动物。

9. 1962年，国家林业部《国营林场经营管理狩猎事业的几项规定》之五：对大熊猫、东北虎、野象、野水牛、扭角羚、金丝猴以及地方规定的禁猎种类必须坚决保护，一般非经上级主管部门批准，严禁猎捕。

10. 1973年3月，濒危野生动植物国际贸易公约（CITES）在美国华盛顿签订。东北虎列为附录Ⅱ保护物种，1987年晋为附录Ⅰ。

11. 1973年5月，国务院在《野生动物资源保护条例（草案）》中，把东北虎、华南虎和孟加拉虎均列为被保护动物，不得任意捕杀。

12. 1976年，我国东北虎的数量分布情况第一次查明。经过3年的雪地足迹调查，结果表明我国东北虎当时共有151只，主要分布在东经127°以东的山地林区。

13. 1977年3月25日，国家农林部颁发文件，将东北虎列为国家第一类保护动物。

14. 1986年1月，中国横道河子猫科动物饲养繁育中心成立，首批调来8只东北虎。

15. 1986年4月，在美国明尼波利斯召开"世界老虎保护战略会议"。会议公布世界虎的数量为：华南虎40只，东北虎300只，苏门答腊虎700只，印度支那虎约2 000只，孟加拉虎4 500只。

16. 1986年，东北林业大学完成了我国东北虎及栖息地的专项调查，首次采用航空和地面相结合的调查方法。

17. 1988年11月，第七届全国人民代表大会常务委员会第四次会议通过，1989年3月颁布实施《中华人民共和国野生动物保护法》和《国家重点保护野生动物名录》，包括东北虎在内的虎所有亚种均列为国家一级重点保护动物，严格予以保护。

18. 1992年，黑龙江省森工总局完成了森工国有林区野生动物资源调查，根据调查结果，东北虎分布区进一步退缩，种群数量呈下降趋势。

19. 1993年5月，国务院发出《关于禁止犀牛角和虎骨贸易的通知》，全面禁止虎骨、虎皮及其衍生物产品的贸易。

20. 1994年6月，国家领导人向韩国赠送2只成年东北虎，选自黑龙江省横道河子猫科动物繁殖中心。

21. 1995年10月，黑龙江省外经贸厅决定在哈尔滨松北新区建立黑龙江省东北虎林园，占地面积1.4平方千米。

22. 1996年1月，首批26只从横道河子调运的东北虎抵达哈尔滨，黑龙江东北虎林园正式对外开放。

23. 1996年7月，俄罗斯制订了《俄罗斯东北虎保护行动计划》；1997年7月，俄罗斯发布了《保护东北虎专项规划》。

24. 1998年2月，"世界虎年大会"在美国达拉斯市召开，会议发布虎的数量，东北虎300~400只；中国代表发布了《中国野生虎保护行动计划》。

25. 1998年，吉林省林业厅在联合国教科文发展项目（UNDP）资助下，与美国和俄罗斯专家合作开展了东北虎和豹的调查，吉林省东北虎数量为7~9只。

26. 1999年，黑龙江省野生动物研究所在国际野生动物保护学会（WCS）资助下，与美国和俄罗斯专家合作开展了东北虎和豹的调查，黑龙江省东北虎的数量为5~7只。

27. 2000年10月，哈尔滨召开"2000中国哈尔滨东北虎野生种群恢复计划国际研讨会"，来自6个国家的65名代表研讨东北虎现状及保护建议。

28. 2001年，在吉林珲春建立东北虎自然保护区，重点保护东北虎、豹及栖息地，面积1 080平方千米。

29. 2002年6月，中国横道河子猫科动物饲养繁育中心与中国林业科学院合作，对现有种群中的113只东北虎进行DNA检测。

30. 2002年12月，在吉林珲春召开了东北虎种群恢复工程进展研讨会，会议着重讨论了建立跨国保护区、东北虎生态廊道和优先管理区等。

31. 2004年6月，中国横道河子猫科动物饲养繁育中心1只母虎1胎产下6仔，创造了东北虎单胎产仔的最高纪录。

32. 2007年9月，我国首次在长春举办了"中国·长春东北虎文化节"。

33. 2010年1月，在泰国召开的老虎保护亚洲部长级会议，建议将每年的7月29日设立为"全球老虎日"，此建议得到国际保护组织认可。

34. 2010年5月，国家林业局在长春组织召开了"东北虎栖息地保护项目规划研讨会"，世界银行、世界自然基金会、国际野生生物保护学会及黑龙江省、吉林省野生动物保护管理部门参加，对东北虎栖息地保护优先区域及开展保护的优先项目进行了充分讨论。

35. 2010年，国家林业局野生动植物保护与自然保护区管理司组织专家编制了《中国野生虎种群恢复计划》，提出今后我国野生虎种群恢复五个方面的重点内容。

36. 2010年11月，在俄罗斯圣彼得堡召开了有13个老虎分布国家领导人出席的"保护老虎国际论坛"，会议通过了"全球恢复野生虎种群战略"，提出了野生虎保护行动与目标。

37. 2011年12月，位于黑龙江省绥阳林业局的老爷岭东北虎自然保护区，被黑龙江省政府批准为省级自然保护区；2014年12月，经国务院批准晋升为国家级自然保护区。

38. 2011年12月，黑龙江省森工总局编制完成了《黑龙江省森工国有林区东北虎保护行动计划》，并通过了专家评审鉴定。

39. 2013年6月19日，黑龙江省桦南林业局长青施业区发现东北虎捕食黄牛，该林区时隔19年重现野生东北虎活动。

40. 2014年3月，世界银行东北虎项目官员及专家到黑龙江考察调研，落实"世界银行东北虎保护项目"。

41. 2014年5月，俄罗斯总统普京野化放归3只东北虎，引发世界普遍关注。10月2日，根据卫星定位得知，其中东北虎"库贾"游过黑龙江进入我国嘉荫县境内。11月14日，监控发现俄罗斯总统普京放归的另一只东北虎"乌斯京"在黑瞎子岛腹地及抚远县境内活动。

42. 2015年，黑龙江省野生动物研究所完成了国家林业公益性行业专项"东北虎种群及栖息地保护恢复技术研究"项目，并通过了专家委员会评审验收。孙海义主编的《中国东北虎保护研究》专著在同年出版了。

43. 2015年，黑龙江东北虎林园野化训练母虎在野化区自然环境下成功产下4只幼崽，3雄1雌，全部健康成活。

44. 2015年，吉林省林业厅和北京师范大学公布了对长白山区虎豹的共同监测结果，2012—2014年，在吉林省共监测到27只东北虎和42只东北豹。

45. 2016年1月26日，中央财经领导小组第十二次会议提出，在大熊猫、东北虎豹的主要栖息地整合设立国家公园。

46. 2016年1月27日，民盟中央与吉林省人民政府在北京联合举办了"中国野生东北虎和东北豹保护战略"研讨会。

47. 2016年8月，吉林省林业厅联合国际野生生物保护学会，在珲春举办了"2016中国珲春虎豹保护国际论坛"。

48. 2017年1月31日，中办、国办联合印发《关于印发〈东北虎豹国家公园体制试点方案〉、〈大熊猫国家公园体制试点方案〉的通知》，东北虎豹国家公园体制试点工作进入实质推进阶段。

49. 2017年8月19日，"东北虎豹国家公园国有自然资源资产管理局"在长春挂牌成立。

50. 2018年2月8日，国家林业局东北虎豹监测研究中心在北京师范大学正式成立。

51. 2018年10月，黑龙江朗乡林业局辖区内发现疑似东北虎足迹。黑龙江省科学院自然与生态研究所朱世兵等对其鉴定，确定为雄性成年虎。这是小兴安岭南麓东北虎消失近40年再次出现。

52. 2020年3月，黑龙江省鹤岗市太平沟国家级自然保护区，自动相机拍摄到野生东北虎影像。

53. 2020年5月，黑龙江省宁安县东京城林业局连续发现3处东北虎活动足迹，为同一只成年雄虎。

54. 2021年12月29日，黑龙江省野生动物研究所周绍春等，在北极村国家级自然保护区野外调查时发现东北虎雪地足迹和粪便，这是大兴安岭时隔50多年再次发现东北虎活动；2023年5月30日，在该地区的红外相机中再次发现东北虎影像数据。

55. 2021年4月23日，一只东北虎闯入黑龙江省密山市一村庄，黑龙江省林草局积极组织救助；5月18日，被救助的东北虎（完达山1号）在穆棱林业局东北虎豹国家公园区域内成功放归野外。